概率统计基础过关300题

Gailü Tongji Jichu Guoguan 300 Ti

李昌兴 编

西北工业大学出版社

【内容简介】 本书是严格执行最新《全国硕士研究生入学统一考试大纲》(数学)的要求编写的,同时,汲取了国内外同类教材之精华,并融入了编者多年的考研辅导教学成果和理念.本书包含的 300 道高质量习题涵盖了考研大纲概率统计部分所有知识点和考点,并针对重要知识点和考点编撰了多个题目,通过这些习题的训练,旨在帮助考生熟悉基本定理、基本公式的运用,建立考研数学知识的基本架构.在习题与答案部分指出了每道题目的大纲考点、解析思路、答案解析,旨在使考生熟悉考研大纲要点和重点、掌握考研命题规律和特点、明确命题意图、开拓考生解题视野、强化复习的针对性.

本书可作为备战 2018 年研究生入学考试的学生、提前备战 2019 年研究生入学考试的学生的辅导用书,也可供从事本专业教学的教师参考.

图书在版编目(CIP)数据

概率统计基础过关 300 题 / 李昌兴编. —西安:西北工业大学出版社,2017.4
ISBN 978 - 7 - 5612 - 5300 - 7

Ⅰ.①概… Ⅱ.①李… Ⅲ.①概率统计—研究生—入学考试—习题集 Ⅳ.①O211

中国版本图书馆 CIP 数据核字(2017)第 082163 号

策划编辑:杨　军
责任编辑:王　静

出版发行:	西北工业大学出版社
通信地址:	西安市友谊西路 127 号　　邮编:710072
电　　话:	(029)88493844　88491757
网　　址:	www.nwpup.com
印 刷 者:	西安东江印务有限公司
开　　本:	787 mm×1 092 mm　　1/16
印　　张:	10
字　　数:	232 千字
版　　次:	2017 年 4 月第 1 版　　2017 年 4 月第 1 次印刷
定　　价:	23.80 元

风雨考研路　学府伴你行

"学府考研"是学府教育旗下专业从事考研辅导的品牌!

"学府考研"是一个为实现人生价值和理想而欢聚一堂的团队。2006年从30平方米办公室起步,历经十年,打造了一个考研培训行业的领军品牌。如今学府考研已发展成为集考研培训、图书编辑、在线教育为一体的综合性教育机构,扎根陕西,服务全国。

学府考研的辅导体系满足了考研学子不同层面的需求,主要以小班面授教学、全日制考研辅导、网络小班课为核心,兼顾大班教学、专业课一对一辅导等多层次辅导。学府考研在教学中的"讲、练、测、评、答"辅导体系,解决了考研辅导"只管教,不管学"的问题,保证学员在课堂上听得懂,课下会做题。通过定期测试,掌握学员的学习进度,安排专职教师答疑,保证学习效果。总结多年教学实践经验,学府考研逐渐形成了稳定的辅导教学体系,尽量做到一个学员一套学习计划、一套辅导方案,大大降低了学员考取目标院校的难度。在公共课教学方面实现零基础教学,在专业课方面,建立了遍及全国各大高校的研究生专业信息资源库,解决考生跨院校、跨专业造成的信息不对称、复习资料缺乏等难题。

"学府考研"的使命是帮助每一个信任学府的学员都能考上理想院校。

学府文化的核心是"专注文化"。

"十年专注,只做考研"。因为专业,所以深受万千考研学子信赖!

"让每一个来这里的考研学子都成为成功者"。正是这种责任,让学府考研快速成为考生心目中当仁不让的必选品牌。

人生能有几回搏,三十年太长,只争朝夕!

同学们,春华秋实,为了实现理想,努力吧!

学府考研总部 | 全国统一客服电话 | 400-090-8961
陕西·西安友谊东路75号新红锋大厦三层

学府官方微博

学府官方微信

致学府图书用户

亲爱的学府图书用户:

您好!欢迎您选择学府图书,感谢您信任学府!

"学府图书"是学府考研旗下专业从事考研教辅图书研发的图书公司!

为了更好地为您提供"优质教学、始终如一"的服务,对于您所提出的宝贵意见与建议,我们向您深表感谢!

若我们的图书质量或服务未达到您的期望,敬请您通过以下联系方式进行告知。我们珍视并诚挚地感谢您的反馈,谢谢您!

在此祝您学习愉快!

学府图书全国统一客服电话:400-090-8961

学府图书质量及服务监督电话:15829918816

学府图书总经理投诉电话:张城 18681885291 投诉必复!

您也可将信件投入此邮箱:34456215@qq.com 来信必回!

图书微博 图书微信 图书微店

前　言

数学是全国硕士研究生入学统一考试工学类、经济类和管理类考生的必考科目,分值等同于专业课程,其重要程度不言而喻.数学考试成绩是关系到能否取得硕士研究生入学复试资格的一把"金钥匙",而概率统计又是考研数学中的重要组成部分.要想获得优异的成绩,除了需要具备不懈努力的"韧劲"、四两拨千斤的"巧劲"之外,还需掌握必要的应试技能.笔者深知任何一本辅导用书都不能确保考生顺利通过考试,但"工欲善其事,必先利其器",好的辅导用书一定可以帮考生在考研前进的道路上披荆斩棘,事半功倍.本书就是为考生在考研基础复习阶段量身定制的辅导用书.

在本书编写过程中,严格执行教育部考试管理中心颁布的最新《全国硕士研究生入学统一考试大纲》(数学)的要求,同时汲取国内外同类教材之精华,并融入笔者多年来考研辅导教学的新成果和新理念.本书着重突出下述特色.

(1)选编习题紧扣考试大纲.习题选编紧紧围绕最新数学考试大纲,做到有的放矢、分散难点、突出重点、难易兼备、拓展性好的基础训练题和适量的考研真题,还选编了具有考研前瞻性和新颖性的题型,屏蔽了偏题、怪题和难题.

(2)选编习题内容覆盖面全.选编习题涵盖了数学考研大纲的所有知识点和考点,针对重要知识点和考点编撰了多个题目,通过这些习题的训练来帮助考生熟悉基本定理、基本公式的运用,建立考研数学知识的基本架构.

(3)选编习题精解详略得当.在习题精解部分指出了题目的大纲考点、解析思路、答案解析,旨在使考生熟悉考研大纲的要点和重点、掌握考研命题的规律和特点、明确命题意图、开拓考生的解题视野、强化复习的针对性.答案解析力争做到可读性与示范性的协调统一,以提高考生做题的规范性和有效性,避免"小题大做""大题小做"现象的发生.

(4)选编习题涵盖基本方法.笔者细心考虑到考研试题常用解答方法,如客观试题作答中的推演法、图示法、赋值法、排除法、逆推法等,通过比较各种方法在不同类型题目中的解答效率,考生能够系统掌握客观性试题解答的技能.另外,在名师评注中,适时指出常用解答方法的适用对象和基本思想,结合具体问题分析了相关概念、相关理论之间的有机联系、实时给出了一些重要的结论,以及一些常见错误的辨析,题目的拓展,解题方法的归纳总结等.

本书分为精编习题与习题精解两部分,内容包括随机事件和概率、随机变量及其分布、多维随机变量及其分布、随机变量的数字特征、大数定律和中心极限定理、数理统计的基本概念、参数估计、假设检验.

本书适用于考研数学(一)和数学(三),并对不同数学种类的不同考试内容给出了标注说明.

建议考生在使用本书时,不要就题论题,而是通过对题目的作答、比较、思考和总结,发现题目设置和解答的规律,特别要弄清楚命题意图,真正掌握应试技能,取得满意的成绩.

本书在笔者多年的考研辅导教学经验积累的基础上,借鉴和参阅了大量国内同类优异的文献和辅导资料,得到了有益的启迪和教益,谨向有关作者表示感谢!

本书虽经深思熟虑和反复推敲,但疏漏及不妥之处在所难免,恳请读者和广大同仁批评指正,使本书在教学实践中不断完善.

编 者

2017 年 1 月

目 录

第一部分　精编习题

第一章　随机事件和概率 1

第二章　随机变量及其分布 6

第三章　多维随机变量及其分布 10

第四章　随机变量的数字特征 16

第五章　大数定律和中心极限定理 21

第六章　数理统计的基本概念 23

第七章　参数估计 26

第八章　假设检验（数学一） 31

第二部分　习题精解

第一章　随机事件和概率 33

第二章　随机变量及其分布 53

第三章　多维随机变量及其分布 68

第四章　随机变量的数字特征 96

第五章　大数定律和中心极限定理 118

第六章　数理统计的基本概念 122

第七章　参数估计 132

第八章　假设检验（数学一） 144

参考文献 149

第一部分　精编习题

第一章　随机事件和概率

一、选择题

1. 若事件 A,B 满足 $B-A=B$，则一定有（　　）．

(A) $A=\varnothing$ 　　(B) $A\cap B=\varnothing$ 　　(C) $A\cap\overline{B}=\varnothing$ 　　(D) $B=\overline{A}$

2. 设 A,B 是两个随机事件，则 $A-B$ 不等于（　　）．

(A) $A\cap\overline{B}$ 　　(B) $\overline{A}\cap B$ 　　(C) $A-A\cap B$ 　　(D) $(A\cup B)-B$

3. 某工人生产了 3 个零件，A_i 表示"他生产的第 i 个零件是合格品"$(i=1,2,3)$，以下事件的表示式错误的是（　　）．

(A) $A_1A_2A_3$ 表示"没有一个零件是废品"

(B) $\overline{A}_1\cup\overline{A}_2\cup\overline{A}_3$ 表示"至少有一个零件是废品"

(C) $\overline{A}_1A_2A_3\cup A_1\overline{A}_2A_3\cup A_1A_2\overline{A}_3$ 表示"仅有一个零件是废品"

(D) $\overline{A}_1\overline{A}_2A_3\cup\overline{A}_1A_2\overline{A}_3\cup A_1\overline{A}_2\overline{A}_3$ 表示"至少有两个零件是废品"

4. 对于任意两个事件 A 和 B，与 $A\cup B=B$ 不等价的是（　　）．

(A) $A\subset B$ 　　(B) $\overline{B}\subset\overline{A}$ 　　(C) $A\overline{B}=\varnothing$ 　　(D) $\overline{A}B=\varnothing$

5. 随机事件 A,B 互为对立事件等价于（　　）．

(A) A,B 互不相容　　　　　　　　(B) A,B 相互独立

(C) A,B 构成样本空间的一个划分　(D) $A\cup B=S$

6. 在电炉上安装了 4 个温控器，其显示温度的误差是随机的．在使用过程中，只要有两个温控器的显示温度不低于临界温度 t_0，电炉就断电．以事件 E 表示"电炉断电"，而 $T_{(1)}\leqslant T_{(2)}\leqslant T_{(3)}\leqslant T_{(4)}$ 为 4 个温控器显示的按递增序列排列的温度值，则事件 E 等于（　　）．

(A) $\{T_{(1)}\geqslant t_0\}$ 　　(B) $\{T_{(2)}\geqslant t_0\}$ 　　(C) $\{T_{(3)}\geqslant t_0\}$ 　　(D) $\{T_{(4)}\geqslant t_0\}$

7. 以事件 A 表示"甲种产品畅销，乙种产品滞销"，则其对立事件 $\overline{A}$ 为（　　）．

(A) "甲、乙两种产品均畅销"　　　　(B) "甲种产品滞销，乙种产品畅销"

(C) "甲种产品滞销"　　　　　　　　(D) "甲种产品滞销，或乙种产品畅销"

8. 设 A,B 为两个随机事件，若 $P(AB)=0$，则下列命题正确的是（　　）．

(A) A 和 B 对立　　　　　　　　　(B) AB 是不可能事件

(C) AB 未必是不可能事件　　　　　(D) $P(A)=0$ 或 $P(B)=0$

9. 对任意事件 A,B，下面结论正确的是（　　）．

(A) 若 $P(AB)=0$，则 $AB=\varnothing$ 　　　　(B) 若 $P(A\cup B)=1$，则 $A\cup B=S$

(C) $P(A-B)=P(A)-P(B)$ 　　　　　　　(D) $P(A\cap\overline{B})=P(A)-P(AB)$

10. 设 A,B 是两个随机事件，且 $A\subset B$，则不能推出的结论是（　　）．

(A)$P(A \cap B) = P(A)$　　　　　　　　(B)$P(A \cup B) = P(B)$

(C)$P(A \cap \overline{B}) = P(A) - P(B)$　　　(D)$P(\overline{A} \cap B) = P(B) - P(A)$

11. 设事件 A 与事件 B 互不相容,则(　　).

(A)$P(\overline{AB}) = 0$　　　　　　　　(B)$P(AB) = P(A)P(B)$

(C)$P(A) = 1 - P(B)$　　　　　　　(D)$P(\overline{A} \cup \overline{B}) = 1$

12. 已知事件 A,B 互不相容,$P(A) > 0, P(B) > 0$,则(　　).

(A)$P(A \cup B) = 1$　　　　　　　(B)$P(A \cap B) = P(A)P(B)$

(C)$P(A \cap B) = 0$　　　　　　　(D)$P(A \cap B) > 0$

13. 设 A,B 是两个随机事件,若 $P(A \cup B) = 0.8, P(A) = 0.2, P(\overline{B}) = 0.4$,则(　　).

(A)$P(\overline{A}\,\overline{B}) = 0.32$　　　　　　(B)$P(\overline{A}\,B) = 0.2$

(C)$P(B - A) = 0.4$　　　　　　　(D)$P(\overline{B}A) = 0.48$

14. 已知 A,B,C 两两独立,且 $P(A) = P(B) = P(C) = \dfrac{1}{2}, P(ABC) = \dfrac{1}{5}$,则 $P(AB\overline{C}) = $ (　　).

(A)$\dfrac{1}{40}$　　　(B)$\dfrac{1}{20}$　　　(C)$\dfrac{1}{10}$　　　(D)$\dfrac{1}{4}$

15. 随意掷一颗骰子两次,则这两次出现的点数之和等于8的概率是(　　).

(A)$\dfrac{3}{36}$　　　(B)$\dfrac{4}{36}$　　　(C)$\dfrac{5}{36}$　　　(D)$\dfrac{2}{36}$

16. 设 A,B 为随机事件,且 $P(B) > 0, P(A \mid B) = 1$,则必有(　　).

(A)$P(A \cup B) > P(A)$　　　　　　(B)$P(A \cup B) > P(B)$

(C)$P(A \cup B) = P(A)$　　　　　　(D)$P(A \cup B) = P(B)$

17. 若 A,B 为任意两个随机事件,则(　　).

(A)$P(AB) \leqslant P(A)P(B)$　　　　　　(B)$P(AB) \geqslant P(A)P(B)$

(C)$P(AB) \leqslant \dfrac{P(A) + P(B)}{2}$　　　(D)$P(AB) \geqslant \dfrac{P(A) + P(B)}{2}$

18. 设 A,B 是两个随机事件,$0 < P(A) < 1, 0 < P(B) < 1$,且 $P(A \mid B) = P(A)$,则(　　).

(A)A,B 互不相容　　　　　　　(B)A,B 相互独立

(C)$A \subset B$　　　　　　　　　(D)$A \supset B$

19. 设 A_1, A_2, A_3 为任意3个事件,以下结论中正确的是(　　).

(A) 若 A_1, A_2, A_3 相互独立,则 A_1, A_2, A_3 两两独立

(B) 若 A_1, A_2, A_3 两两独立,则 A_1, A_2, A_3 相互独立

(C) 若 $P(A_1 A_2 A_3) = P(A_1)P(A_2)P(A_3)$,则 A_1, A_2, A_3 相互独立

(D) 若 A_1 与 A_2 独立,A_2 与 A_3 独立,则 A_1 与 A_3 独立

20. 将一枚硬币独立地掷两次,令事件 $A_1 = \{$掷第一次出现正面$\}, A_2 = \{$掷第二次出现正面$\}$,$A_3 = \{$正、反面各出现一次$\}, A_4 = \{$正面出现两次$\}$,则事件(　　).

(A)A_1,A_2,A_3 相互独立 (B)A_2,A_3,A_4 相互独立
(C)A_1,A_2,A_3 两两独立 (D)A_2,A_3,A_4 两两独立

21. 设 A,B,C 3 个事件两两独立,则 A,B,C 相互独立的充分必要条件是( ).
(A)A 与 BC 独立 (B)AB 与 $A\cup C$ 独立
(C)AB 与 AC 独立 (D)$A\cup B$ 与 $A\cup C$ 独立

22. 甲、乙、丙 3 人向同一目标独立地射击一次,3 人命中率分别是 0.5,0.6,0.7,则目标被击中的概率是( ).
(A)0.94 (B)0.92 (C)0.95 (D)0.90

23. 已知事件 A 与 B 相互独立,且 $P(\overline{A})=0.5,P(\overline{B})=0.6$,则 $P(A\cup B)=$( ).
(A)0.9 (B)0.7 (C)0.1 (D)0.2

24. 设事件 A,B 相互独立,$P(B)=0.5,P(A-B)=0.3$,则 $P(B-A)=$( ).
(A)0.1 (B)0.2 (C)0.3 (D)0.4

25. 甲、乙、丙 3 人独立地译一密码,他们每人译出此密码的概率都是 0.25,则此密码被译出的概率是( ).
(A)$\frac{1}{4}$ (B)$\frac{1}{64}$ (C)$\frac{37}{64}$ (D)$\frac{63}{64}$

26. 甲、乙两人向同一目标独立地各射击一次,他们命中率分别是 0.5 和 0.6,则目标被击中的概率是( ).
(A)0.60 (B)0.80 (C)0.90 (D)0.50

27. 某人向同一目标独立重复射击,每次射击命中的概率为 $p(0<p<1)$,则此人第 4 次射击恰好第 2 次命中目标的概率为( ).
(A)$3p(1-p)^2$ (B)$6p(1-p)^2$ (C)$3p^2(1-p)^2$ (D)$6p^2(1-p)^2$

二、填空题

28. 设 A,B,C 是 3 个随机事件,事件"A,B,C 中至少有两个发生",可以用 A,B,C 表示为 _____.

29. 若 $P(A)=0.5,P(B)=0.4,P(A-B)=0.3$,则 $P(A\cup B)=$ _____.

30. 设 A,B,C 为 3 个事件,且 $P(A)=P(B)=P(C)=\frac{1}{4},P(AB)=P(BC)=0,P(AC)=\frac{1}{8}$,则 A,B,C 中至少有一个发生的概率是 _____.

31. 一次投掷两颗骰子,出现的点数之和为奇数的概率是 _____.

32. 把 10 本书任意放在书架上,其中指定的 3 本书放在一起的概率是 _____.

33. 设随机事件 A,B 及其和事件 $A\cup B$ 的概率分别是 0.4,0.3 和 0.6.若 $\overline{B}$ 表示 B 的对立事件,则积事件 $A\overline{B}$ 的概率 $P(A\overline{B})=$ _____.

34. 已知 $P(\overline{A})=0.3,P(B)=0.4,P(A\overline{B})=0.5$,则 $P(B\mid A\cup\overline{B})=$ _____.

35. 已知 A,B 两事件满足条件 $P(AB)=P(\overline{A}\,\overline{B})$,且 $P(A)=p$,则 $P(B)=$ _____.

36. 10个球中有3个红球,7个白球,随机地分给10个人,每人一球,则最后3位分到球的人恰有1人得到红球的概率为_____.

37. 将C,C,E,E,I,N,S等7个字母随机排成一行,那么恰好排成英文单词SCIENCE的概率为_____.

38. 将红、黄、蓝3个球随机地放入4只盒子,若每只盒子容球数不限,则有3只盒子各放一球的概率是_____.

39. 在分别写有2,3,4,5,7,8的6张卡片中任取两张,把卡片上的数字组成一个分数,则所得分数是既约分数的概率是_____.

40. 袋中装有50个乒乓球,其中20个是黄球,30个是白球,今有两人依次随机地从袋中各取一球,取后不放回,则第二个人取得黄球的概率是_____.

41. 随机地向半圆 $0<y<\sqrt{2ax-x^2}$(a 为常数)内掷一点,点落在半圆内任何区域的概率与该区域的面积成正比,则原点与该点的连线与 x 轴的夹角小于 $\frac{\pi}{4}$ 的概率为_____.

42. 已知事件 A 与 B 相互独立,A 与 C 互不相容,$P(A)=0.4,P(B)=0.3,P(C)=0.4,P(C|B)=0.2$,则 $P(C|A\cup B)=$_____.

43. 已知 $P(A)=\frac{1}{4}$,$P(B|A)=\frac{1}{3}$,$P(A|B)=\frac{1}{2}$,则 $P(A\cup B)=$_____.

44. 已知 $P(A)=0.7,P(B)=0.4,P(AB)=0.8$,则 $P(A|A\cup\overline{B})=$_____.

45. 设两个相互独立的事件 A 和 B 都不发生的概率为 $\frac{1}{9}$,A 发生 B 不发生的概率与 B 发生 A 不发生的概率相等,则 $P(A)=$_____.

46. 设两两相互独立的3个事件 A,B 和 C 满足条件:$ABC=\varnothing$,$P(A)=P(B)=P(C)<\frac{1}{2}$,且已知 $P(A\cup B\cup C)=\frac{9}{16}$,则 $P(A)=$_____.

三、解答题

47. 设事件 A,B 且 $P(A)=0.6,P(B)=0.7$,问:(1)在什么条件下 $P(AB)$ 取到最大值,最大值是多少? (2)在什么条件下 $P(AB)$ 取到最小值,最小值是多少?

48. 已知 $P(A)=a,P(B)=b,P(A\cup B)=c$,求 $P(AB),P(A\overline{B}),P(\overline{A}\overline{B})$.

49. 已知10个晶体管中有7个正品及3个次品,每次任意抽取一个进行测试,测试后不再放回,直至把3个次品都找到为止,求需要测试7次的概率.

50. 有 $n(n\geqslant 2)$ 个朋友随机地围绕圆桌而坐,求其中甲、乙两人坐在一起(座位相邻)的概率.

51. 在房间里有10个人,分别佩戴从1号到10号的纪念章,任选3人记录其纪念章的号码,试求:(1)最小号码为5的概率;(2)最大号码为5的概率.

52. 3封信随机投向标号为Ⅰ,Ⅱ,Ⅲ,Ⅳ的4个邮筒,试求:(1)第Ⅱ邮筒内恰好被投入一封信的概率;(2)前3个邮筒内均有信的概率;(3)3封信平均被投入两个邮筒内的概率.

53. 考虑一元二次方程 $x^2+bx+c=0$，其中 b,c 是分别将一枚骰子接连投掷两次先后出现的点数，求该方程有实根的概率 p 和有重根的概率 q。

54. 在 $1 \sim 2\,000$ 的整数中随机地取一个数，问取到的整数既不能被 6 整除，又不能被 8 整除的概率是多少？

55. 将长为 L 的细棒随机截成 3 段，求 3 段构成三角形的概率。

56. 设 A,B 是两个随机事件，已知 $P(A)=0.4, P(B)=0.5$。就下面两种情况分别计算 $P(A\mid B)$ 与 $P(\overline{A}\mid \overline{B})$：(1) A 与 B 互不相容；(2) A 与 B 有包含关系。

57. 某地区一工商银行的贷款范围内有甲、乙两家同类企业，设一年内甲申请贷款的概率为 0.15，乙申请贷款的概率为 0.2，在甲不向银行申请贷款的条件下，乙向银行申请贷款的概率为 0.23，求在乙不向银行申请贷款的条件下，甲向银行申请贷款的概率。

58. 设 10 件产品中有 4 件不合格品，从中任取两件，已知在所取的两件产品中至少有一件是不合格品，求另一件也是不合格品的概率。

59. 某种产品的商标为"MAXAM"，其中有两个字母脱落，有人捡起随意放回，求放回后仍为"MAXAM"的概率。

60. 商店销售一批电视机共 10 台，其中有 3 台次品，但是已经售出两台。试求从剩下的电视机中，任取一台是正品的概率。

61. 玻璃杯成箱出售，每箱 20 只，假设各箱含 0,1,2 只残次品的概率相应为 0.8, 0.1 和 0.1。一顾客欲购买一箱玻璃杯，在购买时，售货员随意取一箱，而顾客开箱随机地查看 4 只：若无残次品，则买下该箱玻璃杯，否则退回。试求：(1) 顾客买下该箱的概率；(2) 在顾客买下的一箱中，确实没有残次品的概率。

62. 已知某城市下雨事件占一半，天气预报的准确率为 0.9，某人每天早上为下雨而烦恼，于是预报下雨他就带伞。即便预报无雨，他也有一半时间带伞。求：(1) 已知他没有带伞，却遇到下雨的概率；(2) 已知他带伞，但天不下雨的概率。

63. 有两箱同种类的零件，第一箱装 50 只，其中 10 只一等品；第二箱装 30 只，其中 18 只一等品，今从两箱中任挑出一箱，然后从该箱中取两次做不放回抽样。求：(1) 第一次取得零件是一等品的概率；(2) 已知第一次取得的零件是一等品，第二次取到的零件也是一等品的概率。

64. 甲、乙、丙 3 部机床独立工作，而由一名工人照管，某段时间内它们不需要工人照管的概率分别为 0.9，0.8 及 0.85。求在这段时间内有机床需要工人照管的概率、机床因无人照管而停工的概率以及恰有一部机床需要工人照管的概率。

65. 某大学生给 4 家单位各发了一份求职信，假定这些单位彼此独立工作，通知她去面试的概率分别为 $\dfrac{1}{2}, \dfrac{1}{3}, \dfrac{1}{4}, \dfrac{1}{5}$。求这个学生至少有一次面试机会的概率。

66. 设随机事件 A 和 B 满足 $P(A\mid B)+P(\overline{A}\mid \overline{B})=1$，试证：事件 A 和 B 相互独立。

第二章 随机变量及其分布

一、选择题

1. 设 $F_1(x)$ 与 $F_2(x)$ 分别为随机变量 X_1 与 X_2 的分布函数,为使 $F(x)=aF_1(x)-bF_2(x)$ 是某一随机变量的分布函数,在下列给定的各组数值中应取( ).

(A) $a=\dfrac{3}{5}, b=-\dfrac{2}{5}$ (B) $a=\dfrac{2}{3}, b=\dfrac{2}{3}$ (C) $a=\dfrac{1}{2}, b=\dfrac{3}{2}$ (D) $a=\dfrac{1}{2}, b=-\dfrac{3}{2}$

2. 设 $F(x)$ 为随机变量 X 的分布函数,则成立 $P\{x_1<X<x_2\}=F(x_2)-F(x_1)$ 的充分必要条件是 $F(x)$ 在( ).

(A) x_1 处连续   (B) x_2 处连续

(C) x_1 和 x_2 至少有一处不连续   (D) x_1 和 x_2 都连续

3. 设随机变量 X 的概率密度 $f(x)$,且 $f(-x)=f(x)$,$F(x)$ 是 X 的分布函数,则对任意实数 a,有( ).

(A) $F(-a)=1-\int_0^a f(x)\mathrm{d}x$ (B) $F(-a)=\dfrac{1}{2}-\int_0^a f(x)\mathrm{d}x$

(C) $F(-a)=F(a)$ (D) $F(-a)=2F(a)-1$

4. 设随机变量 X 的分布函数 $F(x)=\begin{cases}0, & x<0 \\ \dfrac{1}{2}, & 0\leqslant x<1 \\ 1-\mathrm{e}^{-x}, & x\leqslant 1\end{cases}$,则 $P\{X=1\}=$( ).

(A) 0 (B) $\dfrac{1}{2}$ (C) $\dfrac{1}{2}-\mathrm{e}^{-1}$ (D) $1-\mathrm{e}^{-1}$

5. 若 $p_k=\dfrac{b}{k(k+1)}(k=1,2\cdots)$ 为离散型随机变量的分布,则常数 $b=$( ).

(A) 2 (B) 1 (C) $\dfrac{1}{2}$ (D) 3

6. 设 $f_1(x)$ 为标准正态分布的概率密度,$f_2(x)$ 为区间 $[-1,3]$ 上的均匀分布的概率密度,若 $f(x)=\begin{cases}af_1(x), & x\leqslant 0 \\ bf_2(x), & x>0\end{cases}(a>0,b>0)$ 为概率密度,则 a,b 应满足( ).

(A) $2a+3b=4$ (B) $3a+2b=4$ (C) $a+b=1$ (D) $a+b=2$

7. 设随机变量 X 概率密度 $f(x)=\begin{cases}ax+b, & 0<x<1 \\ 0, & 其他\end{cases}$,且 $P\left\{X<\dfrac{1}{3}\right\}=P\left\{X>\dfrac{1}{3}\right\}$,则常数 a 和 b 分别是( ).

(A) $-\dfrac{3}{2}, \dfrac{7}{4}$ (B) $\dfrac{3}{2}, -\dfrac{7}{4}$ (C) $\dfrac{3}{2}, \dfrac{7}{4}$ (D) $-\dfrac{3}{2}, -\dfrac{7}{4}$

8. 设随机变量 X 服从参数为 λ 的泊松分布,且 $P\{X=2\}=P\{X=3\}$,则 $P\{X=4\}=$( ).

(A) $\dfrac{2}{3}e^2$ (B) $\dfrac{27}{8}e^{-3}$ (C) $\dfrac{27}{8}e^3$ (D) $\dfrac{2}{3}e^{-2}$

9. 设随机变量 X 与 Y 均服从正态分布,$X \sim N(\mu,4^2)$,$Y \sim N(\mu,5^2)$,记 $p_1 = P\{X \leqslant \mu - 4\}$,$p_2 = P\{Y \geqslant \mu + 5\}$,则( ).

(A) 对任何实数 μ,都有 $p_1 = p_2$ (B) 对任何实数 μ,都有 $p_1 < p_2$

(C) 对 μ 的个别值,才有 $p_1 = p_2$ (D) 对任何实数 μ,都有 $p_1 > p_2$

10. 设随机变量 X 服从正态分布 $N(\mu,\sigma^2)$,则随 σ 的增大,概率 $P\{|X-\mu|<\sigma\}$( ).

(A) 单调增大   (B) 单调减少   (C) 保持不变   (D) 增减不定

11. 设随机变量 X 服从正态分布 $N(\mu_1,\sigma_1^2)$,随机变量 Y 服从正态分布 $N(\mu_2,\sigma_2^2)$,且 $P\{|X-\mu_1|>1\} > P\{|Y-\mu_2|<1\}$,则必有( ).

(A) $\sigma_1 < \sigma_2$ (B) $\sigma_1 > \sigma_2$ (C) $\mu_1 < \mu_2$ (D) $\mu_1 > \mu_2$

12. 设随机变量 X 服从标准正态分布 $N(0,1)$,对给定的 $\alpha \in (0,1)$,数 u_α 满足 $P\{X>u_\alpha\} = \alpha$,若 $P\{|X|<x\} = \alpha$,则 x 等于( ).

(A) $u_{\alpha/2}$ (B) $u_{1-\alpha/2}$ (C) $u_{(1-\alpha)/2}$ (D) $u_{1-\alpha}$

13. 设 X_1,X_2,X_3 是随机变量,且 $X_1 \sim N(0,1)$,$X_2 \sim N(0,2^2)$,$X_3 \sim N(5,3^2)$,$p_i = P\{-2 \leqslant X_i \leqslant 2\}(i=1,2,3)$,则( ).

(A) $p_1 > p_2 > p_3$ (B) $p_2 > p_1 > p_3$ (C) $p_3 > p_2 > p_1$ (D) $p_1 > p_3 > p_2$

14. 设随机变量 X 的概率密度 $f(x) = \dfrac{1}{\pi(1+x^2)}$,则 $Y = 2X$ 的概率密度为( ).

(A) $\dfrac{1}{\pi(1+4x^2)}$ (B) $\dfrac{2}{\pi(4+x^2)}$ (C) $\dfrac{1}{\pi(1+x^2)}$ (D) $\dfrac{1}{\pi}\arctan x$

15. 随机变量 X 服从指数分布,则随机变量 $Y = \min\{X,2\}$ 的分布函数( ).

(A) 是连续函数   (B) 至少有两个间断点

(C) 是阶梯函数   (D) 恰好有一个间断点

二、填空题

16. 设随机变量 X 的分布函数为 $F(x) = \begin{cases} 0, & x<0 \\ \dfrac{1}{3}, & 0 \leqslant x < 1 \\ 1-e^{-x}, & x \geqslant 1 \end{cases}$,则 $P\{X=1\} = $ _____.

17. 随机变量 X 的概率密度为 $f(x) = \begin{cases} 2x, & 0<x<A \\ 0, & 其他 \end{cases}$,则常数 $A = $ _____.

18. 设随机变量 X 的概率密度为 $f(x) = \begin{cases} cx^4, & 0<x<1 \\ 0, & 其他 \end{cases}$,则常数 $c = $ _____.

19. 设随机变量 X 的概率密度为 $f(x) = \begin{cases} Ax, & 0<x<2 \\ 0, & 其他 \end{cases}$,则常数 $A = $ _____.

20. 设随机变量 X 的概率密度为 $f(x)=\begin{cases}\dfrac{1}{3}, & 0\leqslant x\leqslant 1\\ \dfrac{2}{9}, & 3\leqslant x\leqslant 6\\ 0, & \text{其他}\end{cases}$,若 k 使得 $P\{X\geqslant k\}=\dfrac{2}{3}$,则 k 的取值范围是_____.

21. 设随机变量 X 在区间 $(1,6)$ 内服从均匀分布,则方程 $x^2+Xx+1=0$ 有实根的概率为_____.

22. 设随机变量 X 服从 $B(2,p)$,随机变量 Y 服从 $B(3,p)$ 的二项分布,且 $P\{X\geqslant 1\}=\dfrac{5}{9}$,则 $P\{Y\geqslant 1\}=$_____.

23. 设 $X\sim N(2,\sigma^2)$,且 $P\{2<X<4\}=0.3$,则 $P\{X<0\}=$_____.

24. 设随机变量 X 服从正态分布 $N(\mu,\sigma^2)(\sigma^2>0)$,且二次方程 $y^2+4y+X=0$ 无实根的概率为 $\dfrac{1}{2}$,则 $\mu=$_____.

三、解答题

25. 设随机变量 X 的分布函数为 $F(x)=\begin{cases}a, & x\leqslant 0\\ bx^2+c, & 0<x\leqslant 1\\ d, & x>1\end{cases}$,求:(1) 常数 a,b,c,d;(2) 随机变量 X 落在 $(0.3,0.7]$ 内的概率.

26. 假设随机变量 X 的绝对值不大于 1,$P\{X=-1\}=\dfrac{1}{8}$,$P\{X=1\}=\dfrac{1}{4}$,在事件 $\{-1<X<1\}$ 出现的条件下,X 在 $(-1,1)$ 内的任意一个开子区间上取值的条件概率与该子区间的长度成正比,试求随机变量 X 的分布函数.

27. 一个盒子中有 4 个小球,球上分别标有号码 $0,1,1,2$,有放回地取 2 个球,以 X 表示两次抽到球上号码数的乘积,求 X 的分布律.

28. 一箱中装有 6 件产品,其中 2 件是二等品,现从中随机取出 3 件,试求取出的二等品件数 X 的分布律及其分布函数.

29. 设随机变量 X 的分布函数为 $F(x)=\begin{cases}0, & x<-1\\ 0.4, & -1\leqslant x<1\\ 0.8, & 1\leqslant x<3\\ 1, & x\geqslant 3\end{cases}$,试求 X 的概率分布.

30. 设 10 件产品中有 2 件不合格品,现进行不放回抽样,直到取得合格品为止,以 X 表示抽样次数,求其分布函数.

31. 设 D 是由曲线 $y=x^2$ 和直线 $y=x$ 所围成的区域.现向 D 内随机投一质点,试求质点到 y 轴的距离 X 的分布函数.

32. 设连续型随机变量 X 的分布函数为 $F(x)=\begin{cases} A+Be^{-\frac{x^2}{2}}, & x>0 \\ 0, & x\leqslant 0 \end{cases}$,试求:(1) 常数 A 和 B;
(2) $P\{-1<X<1\}$;(3) X 的概率密度.

33. 设连续型随机变量 X 的概率密度为 $f(x)=\begin{cases} c+x, & -1\leqslant x<0 \\ c-x, & 0\leqslant x\leqslant 1 \\ 0, & |x|>1 \end{cases}$,求:(1) 常数 c;(2) 概率 $P\{|X|\leqslant 0.5\}$;(3) 分布函数 $F(x)$.

34. 某单位招聘 2 500 人,按考试成绩从高分到低分一次录用,共有 10 000 人报名.假设报名者的成绩服从 $N(\mu,\sigma^2)$,已知 90 分以上的有 359 人,60 分以下的有 1 151 人,试问录用者最低分为多少($\Phi(1.8)=0.9461,\Phi(1.2)=0.8849$)?

35. 设随机变量 X 的概率密度为 $f(x)=\begin{cases} \dfrac{x}{8}, & 0\leqslant x\leqslant 4 \\ 0, & 其他 \end{cases}$,求随机变量 $Y=e^X$ 的概率密度 $f_Y(y)$.

36. 设随机变量 X 的概率密度为 $f_X(x)=\begin{cases} \dfrac{2x}{\pi^2}, & 0<x<\pi \\ 0, & 其他 \end{cases}$,求 $Y=\sin X$ 的概率密度.

第三章 多维随机变量及其分布

一、选择题

1. 二维随机变量 (X,Y) 的概率分布为

X \ Y	0	1
0	0.4	a
1	b	0.1

已知随机事件 $\{X=0\}$ 与 $\{X+Y=1\}$ 相互独立,则( ).

(A) $a=0.2, b=0.3$ (B) $a=0.4, b=0.1$ (C) $a=0.3, b=0.2$ (D) $a=0.1, b=0.4$

2. 设 X,Y 为两个随机变量,且 $P\{X \geqslant 0, Y \geqslant 0\} = \dfrac{3}{7}$, $P\{X \geqslant 0\} = P\{Y \geqslant 0\} = \dfrac{4}{7}$,则 $P\{\max(X,Y) \geqslant 0\} = ($).

(A) $\dfrac{16}{49}$ (B) $\dfrac{5}{7}$ (C) $\dfrac{3}{7}$ (D) $\dfrac{40}{49}$

3. 下列二元函数中,可以作为二维连续型随机变量概率密度的是( ).

(A) $f(x,y) = \begin{cases} \cos x, & -\dfrac{\pi}{2} < x < \dfrac{\pi}{2}, 0 \leqslant y \leqslant 1 \\ 0, & \text{其他} \end{cases}$

(B) $f(x,y) = \begin{cases} \cos x, & -\dfrac{\pi}{2} < x < \dfrac{\pi}{2}, 0 \leqslant y \leqslant \dfrac{1}{2} \\ 0, & \text{其他} \end{cases}$

(C) $f(x,y) = \begin{cases} \cos x, & 0 < x < \pi, 0 \leqslant y \leqslant 1 \\ 0, & \text{其他} \end{cases}$

(D) $f(x,y) = \begin{cases} \cos x, & 0 < x < \pi, 0 \leqslant y \leqslant \dfrac{1}{2} \\ 0, & \text{其他} \end{cases}$

4. 设二维随机变量 (X,Y) 的概率密度为 $f(x,y) = \begin{cases} 1, & 0<x<1, 0<y<1 \\ 0, & \text{其他} \end{cases}$,则 $P\{X<0.5, Y<0.6\} = ($).

(A) 0.5 (B) 0.3 (C) 0.2 (D) 0.4

5. 设随机变量 (X,Y) 的分布函数为 $F(x,y)$,而 $F_X(x), F_Y(y)$ 分别为 (X,Y) 关于 X 和 Y 的边缘分布函数,则概率 $P\{X>x_0, Y>y_0\}$ 可表示为( ).

(A) $F(x_0, y_0)$

(B) $1 - F(x_0, y_0)$

(C) $[1 - F_X(x_0)][1 - F_Y(y_0)]$

(D) $1 - F_X(x_0) - F_Y(y_0) + F(x_0, y_0)$

6. 设随机变量 X 和 Y 相互独立,其分布律为

X	-1	1
P	$\frac{1}{2}$	$\frac{1}{2}$

Y	-1	1
P	$\frac{1}{2}$	$\frac{1}{2}$

则下列式子正确的是( ).

(A) $P\{X=Y\}=\frac{3}{4}$ (B) $P\{X=Y\}=0$ (C) $P\{X=Y\}=\frac{1}{2}$ (D) $P\{X=Y\}=1$

7. 设两个相互独立的随机变量 X 和 Y 分别服从正态分布 $N(0,1)$ 和 $N(1,1)$,则( ).

(A) $P\{X+Y\leqslant 0\}=\frac{1}{2}$ (B) $P\{X+Y\leqslant 1\}=\frac{1}{2}$

(C) $P\{X-Y\leqslant 0\}=\frac{1}{2}$ (D) $P\{X-Y\leqslant 1\}=\frac{1}{2}$

8. 随机变量 X 和 Y 独立同分布,且 X 的分布函数 $F(x)$,则 $Z=\max\{X,Y\}$ 的分布函数为( ).

(A) $F^2(x)$ (B) $F(x)F(y)$

(C) $1-[1-F(x)]^2$ (D) $[1-F(x)][1-F(y)]$

9. 设随机变量 X 与 Y 相互独立,且 X 服从标准正态 $N(0,1)$,Y 的概率分布为 $P\{Y=0\}=P\{Y=1\}=\frac{1}{2}$. 记 $F_Z(z)$ 为随机变量 $Z=XY$ 的分布函数,则函数 $F_Z(z)$ 的间断点个数为( ).

(A) 0   (B) 1   (C) 2   (D) 3

10. 设随机变量 $X\sim N(\mu_1,\sigma_1^2)$,$Y\sim N(\mu_2,\sigma_2^2)$ 相互独立,则它们的和也服从正态分布,且有( ).

(A) $X+Y\sim N(\mu_1,\sigma_1^2+\sigma_2^2)$ (B) $X+Y\sim N(\mu_1+\mu_2,\sigma_1\sigma_2)$

(C) $X+Y\sim N(\mu_1+\mu_2,\sigma_1^2\sigma_2^2)$ (D) $X+Y\sim N(\mu_1+\mu_2,\sigma_1^2+\sigma_2^2)$

11. 设随机变量 X,Y 相互独立,且都服从参数为 λ 的指数分布,则下列随机变量服从参数为 2λ 的指数分布的是( ).

(A) $X+Y$ (B) $X-Y$ (C) $\max\{X,Y\}$ (D) $\min\{X,Y\}$

12. 设随机变量 X,Y 相互独立,且都服从区间 $[0,1]$ 上的均匀分布,则下列随机变量服从均匀分布的是( ).

(A) (X,Y) (B) $X+Y$ (C) X^2 (D) $X-Y$

13. 设 X 和 Y 是任意两个相互独立的连续型随机变量,它们的概率密度分别为 $f_X(x),f_Y(y)$,分布函数分别为 $F_X(x),F_Y(y)$,则( ).

(A) $f_X(x)+f_Y(x)$ 必为某个随机变量的概率密度

(B) $f_X(x)\cdot f_Y(x)$ 必为某个随机变量的概率密度

(C) $F_X(x)+F_Y(x)$ 必为某个随机变量的分布函数

(D) $F_X(x)\cdot F_Y(x)$ 必为某个随机变量的分布函数

14. 二维随机变量 (X,Y) 与 (U,V) 具有相同的边缘分布,则( ).

(A) (X,Y) 与 (U,V) 具有相同的联合分布

(B) (X,Y) 与 (U,V) 不一定有相同的联合分布

(C) $X+Y$ 与 $U+V$ 具有相同的分布

(D) $X-Y$ 与 $U-V$ 具有相同的分布

二、填空题

15. 设随机变量

X_1	-1	0	1
P	$\frac{1}{4}$	$\frac{1}{2}$	$\frac{1}{4}$

X_2	-1	0	1
P	$\frac{1}{4}$	$\frac{1}{2}$	$\frac{1}{4}$

且 $P\{X_1 X_2 = 0\} = 1$,则 $P\{X_1 = X_2\} = $ _____.

16. 平面区域 D 由曲线 $y = \frac{1}{x}$ 及直线 $y=0, x=1, x=e^2$ 所围成,二维随机变量 (X,Y) 在区域 D 上服从均匀分布,则 (X,Y) 关于 X 的边缘密度在 $x=2$ 处的值是 _____.

17. 设 X,Y 是独立的两个随机变量,联合分布律为

X \ Y	1	2	3
1	$\frac{1}{8}$	a	$\frac{1}{24}$
2	b	$\frac{1}{4}$	$\frac{1}{8}$

则 $a = $ _____, $b = $ _____.

18. 设随机变量 X 和 Y 相互独立,二维随机变量 (X,Y) 的分布律及关于 X 和关于 Y 的边缘分布律中的部分数值见下表:

X \ Y	1	2	3	$p_{i \cdot}$
1		$\frac{1}{8}$		
2	$\frac{1}{8}$			
$p_{\cdot j}$	$\frac{1}{6}$			1

则 $P\{X=3\} + P\{Y=3\} = $ _____.

19. 设随机变量 X 和 Y 相互独立,且均服从区间 $[0,3]$ 上的均匀分布,则 $P\{\max(X,Y) \leq 1\} = $ _____.

20. 已知随机变量 X, Y 相互独立,且都在 $[0,3]$ 上服从均匀分布,则 $P\{X+Y=3\} = $ _____.

21. 设二维随机变量(X,Y)的概率密度为 $f(x,y)=\begin{cases} k(x+y), & 0<y<x<1 \\ 0, & 其他 \end{cases}$，则 $k=$ _____.

22. 设二维随机变量(X,Y)的概率密度为 $f(x,y)=\begin{cases} 8xy, & 0<x<y<1 \\ 0, & 其他 \end{cases}$，则 $P\{X+Y\leqslant 1\}=$ _____.

三、解答题

23. 盒子里装有 3 个黑球, 2 个红球, 2 个白球, 从中任取 4 个, X,Y 分别表示取到的黑球和红球数, 求 (X,Y) 的分布律.

24. 两名水平相当的棋手弈棋 3 盘, 以 X 表示某名棋手输赢盘数之差的绝对值, 以 Y 表示他获胜的盘数, 假定没有和棋, 试写出 X 和 Y 的联合分布律及它们的边缘分布.

25. 设随机变量 X 在 1, 2, 3, 4 中等可能的取值, 另一个随机变量 Y 在 $1 \sim X$ 中等可能的取值. 求 (X,Y) 的分布律以及它们的边缘分布律.

26. 袋中有 1 个红球、2 个黑球与 3 个白球. 现在有放回地从袋中取两球. 以 X,Y,Z 分别表示两次取球所取得的红球、黑球与白球的个数. (1) 求 $P\{X=1\mid Z=0\}$; (2) 求二维随机变量 (X,Y) 的概率分布.

27. 设二维随机变量(X,Y)在矩形区域 $G=\{(x,y)\mid 0\leqslant x\leqslant 2, 0\leqslant y\leqslant 1\}$ 上服从均匀分布, 记
$$U=\begin{cases} 0, & X\leqslant Y \\ 1, & X>Y \end{cases}, \quad V=\begin{cases} 0, & X\leqslant 2Y \\ 1, & X>2Y \end{cases}$$
试求 U 和 V 的联合分布律.

28. 设随机变量(X,Y)的概率密度为
$$f(x,y)=\begin{cases} ce^{-(3x+4y)}, & x>0, y>0 \\ 0, & 其他 \end{cases}$$
试求: (1) 常数 c; (2) 联合分布函数 $F(x,y)$; (3) $P\{0<X\leqslant 1, 0<Y\leqslant 2\}$.

29. 设随机变量(X,Y)服从区域 $D=\{(x,y)\mid 0\leqslant x\leqslant 1, x^2\leqslant y\leqslant x\}$ 上的均匀分布, 试求 (X,Y) 的概率密度及边缘概率密度.

30. 设数 X 在区间 $(0,1)$ 上随机地取值, 当观察到 $X=x$ 时, 数 Y 在区间 $(x,1)$ 上随机地取值. 求 Y 的概率密度 $f_Y(y)$.

31. 设随机变量(X,Y)的概率密度为
$$f(x,y)=\frac{1}{2\pi}e^{-\frac{1}{2}(x^2+y^2)}(1+\sin x\sin y) \quad (-\infty<x,y<+\infty)$$
求随机变量 X 与 Y 的边缘概率密度.

32. 设二维随机变量(X,Y)的概率密度为 $f(x,y)=Ae^{-2x^2-2xy-y^2}$, $-\infty<x<+\infty$, $-\infty<y<+\infty$, 求常数 A 及条件概率密度 $f_{Y\mid X}(y\mid x)$.

33. 设二维随机变量(X,Y)的分布函数为

$$F(x,y) = A\left(B + \arctan\frac{x}{2}\right)\left(C + \arctan\frac{y}{3}\right)$$

试求:(1) 系数 A, B, C;(2)(X,Y) 的概率密度;(3)X, Y 的边缘分布函数及边缘概率密度;(4) 随机变量 X 与 Y 是否独立.

34. 设二维随机变量(X,Y)在边长为 a 的正方形内服从均匀分布,该正方形的对角线为坐标轴,求:(1) 求随机变量 X, Y 的边缘概率密度;(2) 求条件概率密度 $f_{X|Y}(x|y)$.

35. 已知随机变量 X_1 和 X_2 的分布律为

X_1	-1	0	1
P	$\frac{1}{4}$	$\frac{1}{2}$	$\frac{1}{4}$

X_2	0	1
P	$\frac{1}{2}$	$\frac{1}{2}$

且 $P\{X_1 X_2 = 0\} = 1$.(1) 求 X_1 和 X_2 的联合分布律;(2) 问 X_1 和 X_2 是否独立? 为什么?

36. 设二维随机变量(X,Y)的概率密度为

$$f(x,y) = \begin{cases} 6xy^2, & 0 \leqslant x \leqslant 1, 0 \leqslant y \leqslant 1 \\ 0, & \text{其他} \end{cases}$$

证明:X, Y 相互独立.

37. 设 X, Y 是两个相互独立的随机变量,X 服从区间$[0,1]$上的均匀分布,Y 的概率密度为

$$f_Y(y) = \begin{cases} \frac{1}{2}e^{-\frac{y}{2}}, & y > 0 \\ 0, & y \leqslant 0 \end{cases}$$

(1) 求联合概率密度;

(2) 设有 a 的二次方程 $a^2 + 2Xa + Y = 0$,求它有实根的概率.

38. 随机变量 X_1, X_2, X_3, X_4 相互独立,且服从相同的分布 $P\{X_i = 0\} = 0.6, P\{X_i = 1\} = 0.4$,其中 $i = 1, 2, 3, 4$,求行列式 $X = \begin{vmatrix} X_1 & X_2 \\ X_3 & X_4 \end{vmatrix}$ 的概率分布.

39. 设随机变量 X, Y 相互独立,其概率密度分别为

$$f_X(x) = \begin{cases} 1, & 0 \leqslant x \leqslant 1 \\ 0, & \text{其他} \end{cases}, f_Y(y) = \begin{cases} e^{-y}, & y > 0 \\ 0, & y \leqslant 0 \end{cases}$$

试求 $2X + Y$ 的概率密度.

40. 设随机变量 X, Y 相互独立,且都服从参数为 1 的指数分布,试求 $Z = \dfrac{X}{Y}$ 的概率密度.

41. 设二维随机变量(X,Y)的概率密度为

$$f(x,y) = \begin{cases} 1, & 0 < x < 1, 0 < y < 2x \\ 0, & \text{其他} \end{cases}$$

求:(1)(X,Y) 的边缘概率密度 $f_X(x), f_Y(y)$;(2)$Z = 2X - Y$ 的概率密度 $f_Z(z)$.

42. 设二维随机变量(X,Y)服从区域 $D = \{(x,y) \mid 0 \leqslant x \leqslant 2, 0 \leqslant y \leqslant 1\}$ 上的均匀分布,求

以 X,Y 为边长的矩形面积 S 的概率密度 $f(s)$.

43. 设 X_1,X_2 相互独立,都服从 $(0,1)$ 内均匀分布.记 $Y_1=\min\{X_1,X_2\}$,$Y_2=\max\{X_1,X_2\}$,试求 (Y_1,Y_2) 的概率密度.

44. 设随机变量 X 与 Y 相互独立,X 的概率分布为 $P\{X=i\}=\dfrac{1}{3}(i=-1,0,1)$,$Y$ 的概率密度为

$$f_Y(y)=\begin{cases}1, & 0\leqslant y<1\\ 0, & 其他\end{cases}$$

记 $Z=X+Y$,(1) 求 $P\left\{Z\leqslant\dfrac{1}{2}\,\middle|\,X=0\right\}$;(2) 求 Z 的概率密度 $f_Z(z)$.

45. 证明:若随机变量 X 以概率 1 取常数 c,则它与任何随机变量 Y 相互独立.

第四章 随机变量的数字特征

一、选择题

1. 已知随机变量 X 服从二项分布,且 $E(X)=2.4, D(X)=1.44$,则二项分布的参数 n, p 的值分别为( ).

(A) $n=4, p=0.6$　　(B) $n=6, p=0.4$　　(C) $n=8, p=0.3$　　(D) $n=24, p=0.1$

2. 设随机变量 X 服从二项分布,即 $X \sim B(n,p)$,且 $E(X)=3, p=\dfrac{1}{7}$,则 $n=($).

(A) 7　　　　　　(B) 14　　　　　　(C) 21　　　　　　(D) 49

3. 设随机变量 X 服从二项分布,即 $X \sim B(n,p)$,则有( ).

(A) $E(2X+1)=2np$　　　　　　(B) $D(2X+1)=4np(1-p)+1$

(C) $E(2X+1)=4np+1$　　　　　(D) $D(2X+1)=4np(1-p)$

4. 设随机变量 X 服从参数为 $\lambda(\lambda>0)$ 泊松分布,即 $X \sim \pi(\lambda)$,则 $\dfrac{[D(X)]^2}{E(X)}=($).

(A) 1　　　　　　(B) λ　　　　　(C) $\dfrac{1}{\lambda}$　　　　　(D) λ^2

5. 设随机变量 X 服从参数为 $\lambda(\lambda>0)$ 指数分布,则 $\dfrac{D(X)}{E(X)}=($).

(A) 1　　　　　　(B) λ　　　　　(C) $\dfrac{1}{\lambda}$　　　　　(D) λ^2

6. 设随机变量 X 服从参数为 n, p 的二项分布,即 $X \sim B(n,p)$,则 $\dfrac{D(X)}{E(X)}=($).

(A) p　　　　　(B) $1-p$　　　　　(C) np　　　　　(D) $np(1-p)$

7. 设随机变量 X 服从正态分布,即 $X \sim N(5,25)$,则 $E(X^2)=($).

(A) 20　　　　　(B) 50　　　　　(C) 5　　　　　(D) 29

8. 设随机变量 X 的分布函数为 $F(x)=0.3\Phi(x)+0.7\Phi\left(\dfrac{x-1}{2}\right)$,其中 $\Phi(x)$ 为标准正态分布的分布函数,则 $E(X)=($).

(A) 0　　　　　(B) 0.3　　　　　(C) 0.7　　　　　(D) 1

9. 两个独立的随机变量 X 和 Y 的方差分别为 4 和 2,则随机变量 $3X-2Y$ 的方差是( ).

(A) 8　　　　　(B) 16　　　　　(C) 28　　　　　(D) 44

10. 设 X 是一随机变量,$E(X)=\mu, D(X)=\sigma^2 (\mu, \sigma^2>0$ 常数$)$,则对于任意的常数 C 必有( ).

(A) $E(X-C)^2=E(X^2)-C^2$　　　　(B) $E(X-C)^2=E(X-\mu)^2$

(C) $E(X-C)^2<E(X-\mu)^2$　　　　(D) $E(X-C)^2 \geqslant E(X-\mu)^2$

11. 设随机变量 X 和 Y 相互独立,且 $E(X)$ 和 $E(Y)$ 存在,记 $U=\max\{X,Y\}, V=\min\{X,Y\}$,

则 $E(UV) = ($　　$)$.

(A)$E(U)E(V)$　　(B)$E(X)E(Y)$　　(C)$E(U)E(Y)$　　(D)$E(X)E(V)$

12. 设随机变量 $X_1, X_2, \cdots, X_n (n > 1)$ 独立同分布，且其方差 $\sigma^2 > 0$. 令 $Y = \dfrac{1}{n}\sum_{i=1}^{n} X_i$，则（　　）.

(A)$\mathrm{Cov}(X_1, Y) = \dfrac{\sigma^2}{n}$　　　　　　(B)$\mathrm{Cov}(X_1, Y) = \sigma^2$

(C)$D(X_1 + Y) = \dfrac{n+3}{n}\sigma^2$　　　　　(D)$D(X_1 - Y) = \dfrac{n-1}{n}\sigma^2$

13. 设随机变量 $X \sim N(0,1), Y \sim N(1,4)$，且相关系数 $\rho_{XY} = 1$，则（　　）.

(A)$P\{Y = -2X - 1\} = 1$　　　　(B)$P\{Y = 2X - 1\} = 1$

(C)$P\{Y = -2X + 1\} = 1$　　　　(D)$P\{Y = 2X + 1\} = 1$

14. 设二维随机变量 (X, Y) 服从正态分布，则随机变量 $U = X + Y, V = X - Y$ 不相关的充分必要条件为（　　）.

(A)$E(X) = E(Y)$　　　　　　　(B)$E(X^2) - E^2(X) = E(Y^2) - E^2(Y)$

(C)$E(X^2) = E(Y^2)$　　　　　　(D)$E(X^2) + E^2(X) = E(Y^2) + E^2(Y)$

15. 随机变量 (X, Y) 服从二维正态分布，且 X 与 Y 不相关，$f_X(x), f_Y(y)$ 分别表示 X, Y 的概率密度，则在 $Y = y$ 的条件下，X 的条件概率密度 $f_{X|Y}(x \mid y)$ 为（　　）.

(A)$f_X(x)$　　(B)$f_Y(y)$　　(C)$f_X(x)f_Y(y)$　　(D)$\dfrac{f_X(x)}{f_Y(y)}$

16. 将一枚硬币重复掷 n 次，以 X 与 Y 分别表示正面向上和反面向上的次数，则 X 与 Y 的相关系数等于（　　）.

(A)-1　　(B)0　　(C)$\dfrac{1}{2}$　　(D)1

17. 若随机变量 X, Y 满足 $D(X+Y) = D(X-Y)$，则下列结论正确的是（　　）.

(A)X, Y 相互独立　　　　　　(B)X, Y 不相关

(C)$D(Y) = 0$　　　　　　　　(D)$D(X)D(Y) = 0$

18. 设随机变量 X, Y 相互独立且有相同的期望和方差，若 $U = X - Y, V = X + Y$，则 U 和 V 必（　　）.

(A) 不独立　　　　　　　　　(B) 独立

(C) 相关系数为 0　　　　　　(D) 相关系数不为 0

19. 若随机变量 X, Y 满足 $E(XY) = E(X)E(Y)$，则下列结论正确的是（　　）.

(A)X, Y 相互独立　　　　　　(B)X, Y 不独立

(C)$D(X+Y) = D(X) + D(Y)$　　(D)$D(X)D(Y) = D(XY)$

二、填空题

20. 设随机变量 X 的概率分布为 $P\{X = k\} = \dfrac{C}{k!}, k = 0, 1, 2, \cdots$，则 $E(X^2) = $ _____.

21. 设随机变量 X 服从参数为 1 的泊松分布,则 $P\{X=E(X^2)\}=$ _____.

22. 设随机变量 X 服从标准正态分布,则 $E(Xe^{2X})=$ _____.

23. 设随机变量 X 服从区间 $[-1,1]$ 上的均匀分布,a 是区间 $[-1,1]$ 上一个定点,Y 为点 X 到 a 的距离,且 X 与 Y 不相关,则 $a=$ _____.

24. 已知随机变量 X 服从区间 $[1,2]$ 上的均匀分布,在 $X=x$ 的条件下 Y 服从参数为 x 的指数分布,则 $E(XY)=$ _____.

25. 设二维随机变量 (X,Y) 服从二维正态分布 $N(\mu,\mu;\sigma^2,\sigma^2;0)$,则 $E(XY^2)=$ _____.

26. 已知随机变量 X_1,X_2,X_3 相互独立且都服从正态分布 $N(0,\sigma^2)$.若随机变量 $Y=X_1X_2X_3$ 的方差 $D(Y)=\dfrac{1}{8}$,则 $\sigma^2=$ _____.

27. 设随机变量 $X_1,X_2,\cdots,X_n(n>1)$ 相互独立,均服从 $N(0,\sigma^2)$,则 $\text{Cov}\left(X_1,\dfrac{1}{n}\sum_{i=1}^{n}X_i\right)=$ _____.

28. 设随机变量 X,Y 均服从 $B\left(1,\dfrac{1}{2}\right)$,且 $D(X+Y)=1$,则 X 与 Y 的相关系数是 _____.

29. 设随机变量 X_1,X_2,X_3 相互独立,且同分布,方差为 σ^2,则 X_1+X_2 与 X_2+X_3 的相关系数是 _____.

三、解答题

30. 有 3 个球,4 个盒子,盒子编号为 1,2,3,4,将球随机地放入 4 个盒子中,设 X 表示有球的盒子的最小号码,试求 $E(X)$.

31. 箱内有 5 件产品,其中 2 件为次品,每次从箱中随机地取出一件产品,取后不放回,直到查出全部次品为止,求所需检验次数 X 的数学期望.

32. 设在时间 $(0,t)$ 内经搜索发现沉船的概率为 $P(t)=1-e^{-\lambda t}$,$\lambda>0$,求发现沉船所需要的平均搜索时间.

33. 某流水线上生产的每个产品不合格的概率为 $p(0<p<1)$,各产品合格与否相互独立,当出现一个产品不合格时立即停机检修.设开机后第一次停机时已经生产了 X 件产品,求 X 的数学期望 $E(X)$ 与方差 $D(X)$.

34. 已知在 10 000 件产品中有 1 000 件不合格品,从中任意抽取 100 件进行检查,求查得不合格品数的数学期望.

35. 若有 n 把看上去样子相同的钥匙,其中只有一把能打开门上的锁,用它们去试开门上的锁,设取到每只钥匙是等可能的,试就下面两种情况求试开门次数 X 的均值及方差.(1) 每把钥匙试开一次后除去;(2) 每把钥匙试开一次后仍放回.

36. 设有 n 个小球和 n 个能装小球的盒子,他们依次编有序号 $1,2,\cdots,n$.今随机地将 n 个小球分别装入 n 个盒子,且每个盒子只需放一个小球.试求两个序号恰好一致的数对个数的数学期望和方差.

37. 设盒子中有 $2N$ 张卡片,其中两张标着 1,两张标着 2,$\cdots$,两张标着 N. 现从中任取 m 张,求在盒中剩余的卡片中,仍然成对(即两张标着相同号码)的对数的数学期望.

38. 设某种产品每周需求量 Q 取 $1,2,3,4,5$ 为值,是等可能的,生产每件产品的成本 $C_1=3$ 元,每件产品的售价 $C_2=9$ 元,没有售出的产品以每件 $C_3=1$ 元的费用存入仓库,问生产者每周生产多少件产品能使所获得利润的期望最大?

39. 一商店经销某种商品,假设每周进货量 X 与顾客的需求量 Y 是相互独立的随机变量,且都在 $[10,20]$ 上服从均匀分布. 商店每售出一单位的商品可收入 $1\,000$ 元;若需求量超过了进货量,该商店可从其他商店调剂供应,每调剂一单位商品售出后可收入 500 元,求此商店每周的平均收入.

40. 设二维随机变量 (X,Y) 的概率密度为

$$f(x,y)=\begin{cases}\dfrac{1}{y}e^{-\left(y+\frac{x}{y}\right)}, & x>0,y>0\\ 0, & \text{其他}\end{cases}$$

求 $E(X), E(Y), E(XY)$.

41. 设随机变量 X 和 Y 相互独立,且均服从参数为 1 的指数分布,令 $V=\min(X,Y)$,$U=\max(X,Y)$,求:(1) 随机变量 V 的概率密度;(2) $E(U+V)$.

42. 设二维随机变量 (X,Y) 的密度为

$$f(x,y)=\begin{cases}\dfrac{1}{\pi}, & x^2+y^2\leqslant 1\\ 0, & \text{其他}\end{cases}$$

试证随机变量 X,Y 是不相关的,且不相互独立.

43. 设随机变量 X 的概率密度为

$$f_X(x)=\begin{cases}\dfrac{1}{2}, & -1<x<0\\ \dfrac{1}{4}, & 0\leqslant x<2\\ 0, & \text{其他}\end{cases}$$

令 $Y=X^2$,$F(x,y)$ 为二维随机变量 (X,Y) 的分布函数,求:(1) Y 的概率密度 $f_Y(y)$;(2) $\mathrm{Cov}(X,Y)$;(3) $F\left(-\dfrac{1}{2},4\right)$.

44. 设二维随机变量 (X,Y) 的概率密度为

$$f(x,y)=\begin{cases}A(x+y), & 0\leqslant x\leqslant 2,0\leqslant y\leqslant 2\\ 0, & \text{其他}\end{cases}$$

求 $A,E(X),E(Y),\mathrm{Cov}(X,Y),\rho_{XY},D(X+Y)$.

45. 设随机变量 X,Y 相互独立且都服从参数为 λ 的泊松分布,求随机变量函数 $U=2X+Y$ 和 $V=2X-Y$ 的相关系数.

46. 设随机变量 X 的概率密度为 $f(x)=\dfrac{1}{2}e^{-|x|}$,$x\in\mathbf{R}$,求下列问题:(1) $E(X),D(X)$;

(2)$\text{Cov}(X,|X|)$,判断 X,$|X|$ 是否相关;(3)判断 X,$|X|$ 是否独立.

47. 假设随机变量 $X_1,X_2,\cdots,X_{10}$ 独立且具有相同的数学期望和方差.求随机变量 $U=X_1+\cdots+X_5+X_6$ 和 $V=X_5+X_6+\cdots+X_{10}$ 的相关系数 ρ.

48. 设随机变量 X 与 Y 独立同分布,且 X 的分布律为

X	1	2
P	$\frac{2}{3}$	$\frac{1}{3}$

记 $U=\max\{X,Y\}$,$V=\min\{X,Y\}$.求:(1)(U,V) 的概率分布;(2)U 与 V 的协方差 $\text{Cov}(X,Y)$.

49. 设二维随机变量 (X,Y) 的概率密度为

$$f(x,y)=\frac{1}{2}[g(x,y)+h(x,y)]$$

其中 $g(x,y)$,$h(x,y)$ 都是二维正态变量的概率密度,且它们所对应的二维随机变量的相关系数分别为 $\frac{1}{3}$ 和 $-\frac{1}{3}$,它们的边缘概率密度所对应的随机变量的数学期望都是 0,方差都是 1.(1)求随机变量 X,Y 的边缘概率密度 $f_X(x)$,$f_Y(y)$,及它们的相关系数;(2)随机变量 X,Y 是否独立?

50. 已知随机变量 X,Y 以及 XY 的分布律分别表示为

X	0	1	2
P	$\frac{1}{2}$	$\frac{1}{3}$	$\frac{1}{6}$

Y	0	1	2
P	$\frac{1}{3}$	$\frac{1}{3}$	$\frac{1}{3}$

XY	0	1	2	4
P	$\frac{7}{12}$	$\frac{1}{3}$	0	$\frac{1}{12}$

求:(1)$P\{X=2Y\}$;(2)$\text{Cov}(X-Y,Y)$ 与 ρ_{XY}.

51. 设 A,B 为随机事件,且 $P(A)=\frac{1}{4}$,$P(B|A)=\frac{1}{3}$,$P(A|B)=\frac{1}{2}$,令

$$X=\begin{cases}1, & A \text{ 发生} \\ 0, & A \text{ 不发生}\end{cases}, \quad Y=\begin{cases}1, & B \text{ 发生} \\ 0, & B \text{ 不发生}\end{cases}$$

求:(1)二维随机变量 (X,Y) 的概率分布;(2)X 与 Y 的相关系数;(3)$Z=X^2+Y^2$ 的概率分布.

52. 设 A,B 为随机试验 E 的两个事件,且 $P(A)>0$,$P(B)>0$,并定义

$$X=\begin{cases}1, & A \text{ 发生} \\ 0, & A \text{ 不发生}\end{cases}, \quad Y=\begin{cases}1, & B \text{ 发生} \\ 0, & B \text{ 不发生}\end{cases}$$

试证:若 $\rho_{XY}=0$,则 X 与 Y 相互独立.

第五章 大数定律和中心极限定理

一、选择题

1. 设 $X_1,X_2,\cdots,X_n$ 是 n 个相互独立且同分布的随机变量，$E(X_i)=\mu$，$D(X_i)=8(i=1,2,\cdots,n)$．对于 $\overline{X}=\sum\limits_{i=1}^{n}\dfrac{X_i}{n}$ 的切比雪夫不等式（　　）及估计 $P\{|\overline{X}-\mu|<4\}\geqslant$（　　）．

(A) $P\{|\overline{X}-\mu|\geqslant\varepsilon\}\leqslant\dfrac{8}{\varepsilon^2}$，$P\{|\overline{X}-\mu|<4\}\geqslant 1-\dfrac{1}{2n}$

(B) $P\{|\overline{X}-\mu|\geqslant\varepsilon\}\leqslant\dfrac{8}{\varepsilon^2}$，$P\{|\overline{X}-\mu|<4\}\geqslant 1+\dfrac{1}{2n}$

(C) $P\{|\overline{X}-\mu|\geqslant\varepsilon\}\leqslant\dfrac{8}{n\varepsilon^2}$，$P\{|\overline{X}-\mu|<4\}\geqslant 1-\dfrac{1}{2n}$

(D) $P\{|\overline{X}-\mu|\geqslant\varepsilon\}\leqslant\dfrac{8}{n\varepsilon^2}$，$P\{|\overline{X}-\mu|<4\}\geqslant 1+\dfrac{1}{2n}$

2. 设 $X_1,X_2,\cdots$ 为相互独立具有相同分布的随机变量序列，且 $X_i(i=1,2,\cdots)$ 服从参数为 2 的指数分布，记 $\Phi(x)$ 为标准正态分布的分布函数，则下列选项中正确的是（　　）．

(A) $\lim\limits_{n\to+\infty}P\left\{\dfrac{1}{\sqrt{n}}\left(\sum\limits_{i=1}^{n}X_i-n\right)\leqslant x\right\}=\Phi(x)$ (B) $\lim\limits_{n\to+\infty}P\left\{\dfrac{1}{\sqrt{n}}\left(2\sum\limits_{i=1}^{n}X_i-n\right)\leqslant x\right\}=\Phi(x)$

(C) $\lim\limits_{n\to+\infty}P\left\{\dfrac{1}{2\sqrt{n}}\left(\sum\limits_{i=1}^{n}X_i-2\right)\leqslant x\right\}=\Phi(x)$ (D) $\lim\limits_{n\to+\infty}P\left\{\dfrac{1}{2\sqrt{n}}\left(2\sum\limits_{i=1}^{n}X_i-n\right)\leqslant x\right\}=\Phi(x)$

3. 设 $X_1,X_2,\cdots,X_n,\cdots$ 为独立同分布的随机变量序列，且均服从参数为 $\lambda(\lambda>1)$ 的泊松分布，记 $\Phi(x)$ 为标准正态分布的分布函数，则（　　）．

(A) $\lim\limits_{n\to\infty}P\left\{\dfrac{\sum\limits_{i=1}^{n}X_i-\lambda n}{\lambda\sqrt{n}}\leqslant x\right\}=\Phi(x)$ (B) $\lim\limits_{n\to\infty}P\left\{\dfrac{\sum\limits_{i=1}^{n}X_i-\lambda n}{\sqrt{n\lambda}}\leqslant x\right\}=\Phi(x)$

(C) $\lim\limits_{n\to\infty}P\left\{\dfrac{\lambda\sum\limits_{i=1}^{n}X_i-n}{\sqrt{n}}\leqslant x\right\}=\Phi(x)$ (D) $\lim\limits_{n\to\infty}P\left\{\dfrac{\sum\limits_{i=1}^{n}X_i-\lambda}{\sqrt{n\lambda}}\leqslant x\right\}=\Phi(x)$

二、填空题

4. 设随机变量 X 在区间 $[-1,3]$ 上服从均匀分布，若由切比雪夫不等式有 $P\{|X-1|<\varepsilon\}\geqslant\dfrac{2}{3}$，则 $\varepsilon=$ ＿＿＿．

5. 设随机变量 X 的方差为 2，则根据切比雪夫不等式有估计 $P\{|X-E(X)|\geqslant 2\}\leqslant$ ＿＿＿．

6. 设总体 X 服从参数为 2 的指数分布，$X_1,X_2,\cdots,X_n$ 是来自总体 X 的简单随机样本，则当

$n \to \infty$ 时，$Y_n = \dfrac{1}{n}\sum\limits_{i=1}^{n} X_i^2$ 依概率收敛于 _____．

三、解答题

7. 设电站供电网中有 10 000 盏电灯，夜晚每一盏灯打开的概率均是 0.7，假定每盏灯开、关时间是相互独立的，试用切比雪夫不等式估计夜晚同时打开的灯的盏数在 6 850 ~ 7 150 之间的概率．

8. 设 $X_1, X_2, \cdots, X_n$ 是相互独立且同分布的随机变量序列，$E(X_i) = \mu$，$D(X_i) = \sigma^2 (i = 1, 2, \cdots, n)$，令 $Y_n = \dfrac{2}{n(n+1)}\sum\limits_{i=1}^{n} iX_i$，证明：随机变量序列 $\{Y_n\}$ 依概率收敛于 μ．

9. 生产线生产的产品成箱包装，每箱的质量是随机的，假设每箱平均重 50 kg，标准差为 5 kg．若用最大载重量为 5 t 的汽车承运，试利用中心极限定理说明每辆车最多可以装多少箱，才能保障不超载的概率大于 0.977（$\Phi(2) = 0.977$，其中 $\Phi(x)$ 是标准正态分布函数）．

10. 某单位内部有 100 部电话分机，每部分机有 5% 的时间使用外线通话，且每部电话分机是否使用外线通话是相互独立的，问总机需备多少条外线才能以 95% 的概率确保每部分机在使用外线时不必等候（$\Phi(1.64) = 0.949\,5$，$\Phi(1.65) = 0.950\,5$，其中 $\Phi(x)$ 为标准正态分布的分布函数）？

11. 某车间有同型号车床 200 台，在生产期间由于需要检修、调换刀具、变换位置及调换工序等常需停工．假设每台车床的开工率为 0.6，开、关是相互独立的，且在开工时需电力 15 kW，问应供应多少千瓦电力就能以 99.9% 的概率保证该车间不会因供电不足而影响生产（$\Phi(3.09) = 0.999$，其中 $\Phi(x)$ 为标准正态分布的分布函数）？

第六章 数理统计的基本概念

一、选择题

1. 设总体 $X \sim B(1,p)$,$X_1,X_2,\cdots,X_n$ 是来自总体的样本,$\overline{X}$ 为样本均值,则 $P\left\{\overline{X}=\dfrac{k}{n}\right\}=$ ( ).

(A)p (B)$p^k(1-p)^{n-k}$ (C)$C_n^k p^k(1-p)^{n-k}$ (D)$C_n^k p^{n-k}(1-p)^k$

2. 设 $X_1,X_2,\cdots,X_n (n\geqslant 2)$ 为来自正态总体 $N(\mu,\sigma^2)$ 的简单随机样本,其中 μ 已知,σ^2 未知,则不能作为统计量的是( ).

(A)$\dfrac{1}{n}\sum\limits_{i=1}^{n} X_i$ (B)$\max\limits_{1\leqslant i\leqslant n}\{X_i\}$ (C)$\sum\limits_{i=1}^{n}\left(\dfrac{X_i-\mu}{\sigma}\right)^2$ (D)$\dfrac{1}{n}\sum\limits_{i=1}^{n}(X_i-\mu)^2$

3. 设 $X_1,X_2,\cdots,X_{16}$ 是来自正态总体 $N(2,\sigma^2)$ 的一个样本,$\overline{X}=\dfrac{1}{16}\sum\limits_{i=1}^{16}X_i$,则 $\dfrac{4\overline{X}-8}{\sigma} \sim$ ( ).

(A)$t(15)$ (B)$t(16)$ (C)$\chi^2(15)$ (D)$N(0,1)$

4. 设 $X_1,X_2,\cdots,X_n(n\geqslant 2)$ 为来自正态总体 $N(0,1)$ 的简单随机样本,$\overline{X}$ 是样本均值,S^2 为样本方差,则( ).

(A)$n\overline{X}\sim N(0,1)$ (B)$nS^2 \sim \chi^2(n)$

(C)$\dfrac{(n-1)\overline{X}}{S}\sim t(1)$ (D)$\dfrac{(n-1)X_1^2}{\sum\limits_{i=2}^{n}X_i^2}\sim F(1,n-1)$

5. 设 $X_1,X_2,\cdots,X_n$ 为来自正态总体 $N(\mu,\sigma^2)$ 的简单随机样本,$\overline{X}$ 是样本均值,记 $S_1^2=\dfrac{1}{n-1}\sum\limits_{i=1}^{n}(X_i-\overline{X})^2$,$S_2^2=\dfrac{1}{n}\sum\limits_{i=1}^{n}(X_i-\overline{X})^2$,$S_3^2=\dfrac{1}{n-1}\sum\limits_{i=1}^{n}(X_i-\mu)^2$,$S_4^2=\dfrac{1}{n}\sum\limits_{i=1}^{n}(X_i-\mu)^2$,则服从自由度为 $n-1$ 的 t 分布的随机变量是( ).

(A)$t=\dfrac{\overline{X}-\mu}{\dfrac{S_1}{\sqrt{n}}}$ (B)$t=\dfrac{\overline{X}-\mu}{\dfrac{S_2}{\sqrt{n-1}}}$ (C)$t=\dfrac{\overline{X}-\mu}{\dfrac{S_3}{\sqrt{n}}}$ (D)$t=\dfrac{\overline{X}-\mu}{\dfrac{S_4}{\sqrt{n}}}$

6. 设 $X_1,X_2,\cdots,X_n$ 为来自正态总体 $N(\mu,\sigma^2)$ 的简单随机样本,$\overline{X}$ 是样本均值,S^2 为样本方差,则可以作为服从自由度为 n 的 χ^2 分布的随机变量是( ).

(A)$\dfrac{\overline{X}^2}{\sigma^2}+\dfrac{(n-1)S^2}{\sigma^2}$ (B)$\dfrac{n\overline{X}^2}{\sigma^2}+\dfrac{(n-1)S^2}{\sigma^2}$

(C)$\dfrac{(\overline{X}-\mu)^2}{\sigma^2}+\dfrac{(n-1)S^2}{\sigma^2}$ (D)$\dfrac{n(\overline{X}-\mu)^2}{\sigma^2}+\dfrac{(n-1)S^2}{\sigma^2}$

7. 设 X_1,X_2,X_3,X_4 为来自总体 $N(1,\sigma^2)(\sigma>0)$ 的简单随机样本,则统计量 $\dfrac{X_1-X_2}{|X_3+X_4-2|}$ 服从( )分布.

(A)$N(0,1)$ (B)$t(1)$ (C)$\chi^2(1)$ (D)$F(1,1)$

8. 设随机变量 X 和 Y 都服从标准正态分布,则( ).

(A) $X+Y$ 服从正态分布 (B) X^2+Y^2 服从 χ^2 分布

(C) X^2 和 Y^2 都服从 χ^2 分布 (D) $\dfrac{X^2}{Y^2}$ 服从 F 分布

二、填空题

9. 设 $\overline{X}$ 为总体 $X \sim N(3,4)$ 中抽取的样本 (X_1,X_2,X_3,X_4) 的均值,则 $P\{-1<\overline{X}<5\}=$ _____ ($\Phi(2)=0.977\,2$,其中 $\Phi(x)$ 为标准正态分布的分布函数).

10. 设随机变量 X 服从自由度为 (n,n) 的 F 分布,已知 $P\{X>\alpha\}=0.05$,则 $P\left\{X>\dfrac{1}{\alpha}\right\}=$ _____.

11. 设 $X_1,X_2,\cdots,X_n$ 是来自正态总体 $N(\mu,\sigma^2)$ 的一个简单随机样本,$\overline{X}$ 为样本均值,当 $c=$ _____ 时,统计量 $T=c(X_n-\overline{X})^2$ 服从 χ^2 分布.

12. 设随机变量 X 和 Y 相互独立,且都服从正态分布 $N(0,3^2)$,而 $X_1,X_2,\cdots,X_9$ 和 $Y_1,Y_2,\cdots,Y_9$ 分别是来自总体 X 和 Y 的简单随机样本,则统计量 $U=\dfrac{X_1+X_2+\cdots+X_9}{\sqrt{Y_1^2+Y_2^2+\cdots+Y_9^2}}$ 服从 _____ 分布,参数为 _____.

13. 设 X_1,X_2,X_3,X_4 是来自正态总体 $N(0,2^2)$ 的简单随机样本,令
$$X=a(X_1-2X_2)^2+b(3X_3-4X_4)^2$$
则当 $a=$ _____,$b=$ _____ 时,统计量 X 服从 χ^2 分布,其自由度为 2.

14. 在天平上重复称量一重为 a 的物品,假设各次称量结果是相互独立且同服从正态分布 $N(a,0.2^2)$,若以 $\overline{X}_n$ 表示 n 次称量结果的算术平均值,则为使 $P\{|\overline{X}_n-a|<0.1\}\geqslant 0.95$,$n$ 的最小值应不小于自然数 _____ ($\Phi(1.96)=0.975,\Phi(1.64)=0.95$).

15. 设总体 X 服从正态分布 $N(0,2^2)$,而 $X_1,X_2,\cdots,X_{15}$ 是来自总体 X 的简单随机样本,则随机变量 $Y=\dfrac{X_1^2+X_2^2+\cdots+X_{10}^2}{2(X_{11}^2+X_{12}^2+\cdots+X_{15}^2)}$ 服从 _____ 分布,参数为 _____.

16. 设总体 X 服从正态分布 $N(\mu_1,\sigma^2)$,总体 Y 服从正态分布 $N(\mu_2,\sigma^2)$,$X_1,X_2,\cdots,X_{n_1}$ 和 $Y_1,Y_2,\cdots,Y_{n_2}$ 分别是来自总体 X 和 Y 的简单随机样本,则 $E\left[\dfrac{\sum\limits_{i=1}^{n_1}(X_i-\overline{X})^2+\sum\limits_{j=1}^{n_2}(Y_j-\overline{Y})^2}{n_1+n_2-2}\right]=$ _____.

17. 设总体 X 的概率密度为 $f(x)=\dfrac{1}{2}e^{-|x|}(-\infty<x<+\infty)$,$X_1,X_2,\cdots,X_n$ 为总体的简单随机样本,$S^2=\dfrac{1}{n-1}\sum\limits_{i=1}^{n}(X_i-\overline{X})^2$,则 $E(S^2)=$ _____.

18. 设 $X_1, X_2, \cdots, X_n$ 是来自二项分布总体 $B(n,p)$ 的简单随机样本，$\overline{X}$ 为样本均值，$S^2 = \frac{1}{n-1}\sum_{i=1}^{n}(X_i - \overline{X})^2$，记统计量 $T = \overline{X} - S^2$，则 $E(T) =$ _____.

19. 设 $X_1, X_2, \cdots, X_n$ 是来自总体 $N(\mu, \sigma^2)(\sigma > 0)$ 的简单随机样本，统计量 $T = \frac{1}{n}\sum_{i=1}^{n} X_i^2$，则 $E(T) =$ _____.

三、解答题

20. 设总体 X 服从 (0-1) 分布，其分布律为

X	0	1
P	$1-p$	p

其中 $0 < p < 1$，求来自总体 X 的容量为 n 的样本 $X_1, X_2, \cdots, X_n$ 的联合分布律.

21. 设 $X_1, X_2, \cdots, X_n$ 为来自正态总体 $N(\mu, \sigma^2)$ 的一个简单随机样本，其中 μ 未知，σ^2 已知，试求：(1) $X_1, X_2, \cdots, X_n$ 的联合概率密度；(2) $E(\overline{X}), D(\overline{X}), E(S^2)$.

22. 设 $X_1, X_2, \cdots, X_9$ 是来自正态总体 X 的简单随机样本，有

$$Y_1 = \frac{1}{6}(X_1 + X_2 + \cdots + X_6), Y_2 = \frac{1}{3}(X_7 + X_8 + X_9), S_1^2 = \frac{1}{2}\sum_{i=7}^{9}(X_i - Y_2)^2, Z = \frac{\sqrt{2}(Y_1 - Y_2)}{S_1}$$

证明：统计量 Z 服从自由度为 2 的 t 分布.

23. 设 $X_1, X_2, \cdots, X_n (n > 2)$ 为来自总体 $N(0,1)$ 的简单随机样本，$\overline{X}$ 为样本均值，记 $Y_i = X_i - \overline{X}, i = 1, 2, \cdots, n$. 求：(1) Y_i 的方差 $D(Y_i), i = 1, 2, \cdots, n$；(2) Y_1 与 Y_n 的协方差 $\mathrm{Cov}(Y_1, Y_n)$.

24. 设 $X_1, X_2, \cdots, X_6$ 为来自正态总体 $N(0, 3^2)$ 的一个简单随机样本，求常数 a, b, c 使得 $Q = \frac{1}{a}X_1^2 + \frac{1}{b}(X_2 + X_3)^2 + \frac{1}{c}(X_4 + X_5 + X_6)^2$ 服从 χ^2 分布，并求自由度 n.

第七章 参数估计

一、选择题

1. 设总体 X 的概率密度为

$$f(x) = \begin{cases} \theta(1-x)^{\theta-1}, & 0 < x < 1 \\ 0, & \text{其他} \end{cases}$$

则 θ 的矩法估计量为( ).

(A) $\dfrac{1}{\overline{X}}$ (B) $\dfrac{1}{\overline{X}} - 1$ (C) $\overline{X}$ (D) $2\overline{X}$

2. 已知 X 服从正态分布 $N(\mu, \sigma^2)$,$(x_1, x_2, \cdots, x_n)$ 为 X 的一组样本观察值,则 μ, σ^2 的极大似然估计值分别是( ).

(A) $\overline{x}, \dfrac{1}{n}\sum_{i=1}^{n}(x_i - \overline{x})^2$ (B) $\overline{x}, \dfrac{1}{n-1}\sum_{i=1}^{n}(x_i - \overline{x})^2$

(C) $2\overline{x}, \dfrac{1}{n}\sum_{i=1}^{n}(x_i - \overline{x})^2$ (D) $2\overline{x}, \dfrac{1}{n-1}\sum_{i=1}^{n}(x_i - \overline{x})^2$

3. (数学一) 设 $X_1, X_2, \cdots, X_n$ 和 $Y_1, Y_2, \cdots, Y_m$ 是分别来自总体 $X \sim N(\mu, 1)$ 和 $Y \sim N(\mu, 2^2)$ 的两个样本,μ 的一个无偏估计有形式 $T = a\sum_{i=1}^{n}X_i + b\sum_{j=1}^{m}Y_j$.则( )时,$T$ 最有效.

(A) $a = \dfrac{1}{4n+m}, b = \dfrac{1}{4n+m}$ (B) $a = \dfrac{1}{4n+m}, b = \dfrac{4}{4n+m}$

(C) $a = \dfrac{4}{4n+m}, b = \dfrac{1}{4n+m}$ (D) $a = \dfrac{4}{4n+m}, b = \dfrac{4}{4n+m}$

4. (数学一) 设 n 个随机变量 $X_1, X_2, \cdots, X_n$ 独立同分布,$D(X_1) = \sigma^2$,$\overline{X} = \dfrac{1}{n}\sum_{i=1}^{n}X_i$,$S^2 = \dfrac{1}{n-1}\sum_{i=1}^{n}(X_i - \overline{X})^2$,则( ).

(A) S 是 σ 的无偏估计量   (B) S 是 σ 的极大似然估计量

(C) S 是 σ 的一致估计量   (D) S 与 $\overline{X}$ 相互独立

5. (数学一) 设总体 $X \sim N(\mu, \sigma^2)$,其中 σ^2 已知,则总体均值 μ 的置信区间长度 L 与置信度 $1 - \alpha$ 的关系是( ).

(A) 当 $1 - \alpha$ 缩小时,L 缩短   (B) 当 $1 - \alpha$ 缩小时,L 增大

(C) 当 $1 - \alpha$ 缩小时,L 不变   (D) 以上说法都不对

6. (数学一) 设总体 $X \sim N(\mu, \sigma^2)$,μ 未知,σ^2 已知,为使总体均值 μ 的置信度为 $1 - \alpha$ 的置信区间的长度不大于 L,则样本容量 n 至少应取( ).

(A) $n \geq \left[\dfrac{(z_{\frac{\alpha}{2}}\sigma)^2}{L^2}\right]$ ($[x]$ 取整函数)   (B) $n^2 \geq \left[\dfrac{(z_{\frac{\alpha}{2}}\sigma)^2}{L^2}\right]$ ($[x]$ 取整函数)

(C)$n \geqslant \left[4\frac{(z_{\frac{\alpha}{2}}\sigma)^2}{L^2} \right]$([x] 取整函数)   (D)$n^2 \geqslant \left[4\frac{(z_{\frac{\alpha}{2}}\sigma)^2}{L^2} \right]$([x] 取整函数)

7.(数学一) 设总体 $X \sim N(\mu,\sigma^2)$，σ^2 已知，而 μ 为未知参数，$X_1,X_2,\cdots,X_n$ 为样本，记 $\overline{X} = \frac{1}{n}\sum_{i=1}^{n}X_i$，又 $\Phi(x)$ 表示标准正态分布的分布函数，已知 $\Phi(1.96) = 0.975$，$\Phi(1.28) = 0.900$，则 μ 的置信水平为 0.95 的置信区间是(　　).

(A)$\left(\overline{X} - 0.975 \times \frac{\sigma}{\sqrt{n}}, \overline{X} + 0.975 \times \frac{\sigma}{\sqrt{n}} \right)$ (B)$\left(\overline{X} - 1.96 \times \frac{\sigma}{\sqrt{n}}, \overline{X} + 1.96 \times \frac{\sigma}{\sqrt{n}} \right)$

(C)$\left(\overline{X} - 1.28 \times \frac{\sigma}{\sqrt{n}}, \overline{X} + 1.28 \times \frac{\sigma}{\sqrt{n}} \right)$ (D)$\left(\overline{X} - 0.90 \times \frac{\sigma}{\sqrt{n}}, \overline{X} + 0.90 \times \frac{\sigma}{\sqrt{n}} \right)$

8.(数学一) 设总体 $X \sim N(\mu,\sigma^2)$，σ^2 已知，而 μ 为未知参数，$X_1,X_2,\cdots,X_n$ 为样本，记 $\overline{X} = \frac{1}{n}\sum_{i=1}^{n}X_i$，则 $\left(\overline{X} - z_{0.025}\frac{\sigma}{\sqrt{n}}, \overline{X} + z_{0.025}\frac{\sigma}{\sqrt{n}} \right)$ 为 μ 的区间，其置信水平为(　　).

(A)0.95   (B)0.90   (C)0.975   (D)0.05

9.(数学一) 设总体 $X \sim N(\mu,\sigma^2)$，而 μ,σ^2 为未知参数，$X_1,X_2,\cdots,X_n$ 为样本，记 $\overline{X} = \frac{1}{n}\sum_{i=1}^{n}X_i$，$S_n^2 = \frac{1}{n}\sum_{i=1}^{n}(X_i - \overline{X})^2$，则 μ 的置信水平为 $1-\alpha$ 的置信区间是(　　).

(A)$\left(\overline{X} - t_{\frac{\alpha}{2}}(n-1) \times \frac{S_n}{\sqrt{n}}, \overline{X} + t_{\frac{\alpha}{2}}(n-1) \times \frac{S_n}{\sqrt{n}} \right)$

(B)$\left(\overline{X} - t_{\frac{\alpha}{2}}(n-1) \times \frac{S_n}{\sqrt{n-1}}, \overline{X} + t_{\frac{\alpha}{2}}(n-1) \times \frac{S_n}{\sqrt{n-1}} \right)$

(C)$\left(\overline{X} - t_{\frac{\alpha}{2}}(n-1) \times \frac{\sigma}{\sqrt{n}}, \overline{X} + t_{\frac{\alpha}{2}}(n-1) \times \frac{\sigma}{\sqrt{n}} \right)$

(D)$\left(\overline{X} - t_{\frac{\alpha}{2}}(n-1) \times \frac{\sigma}{\sqrt{n-1}}, \overline{X} + t_{\frac{\alpha}{2}}(n-1) \times \frac{\sigma}{\sqrt{n-1}} \right)$

10.(数学一) 设一批零件的长度服从正态分布 $N(\mu,\sigma^2)$，其中 μ,σ^2 均未知. 现从中随机抽取 16 个零件，测得样本均值 $\overline{x} = 20$(cm)，样本标准差 $s = 1$(cm)，则 μ 的置信度为 0.90 的置信区间是(　　).

(A)$\left(20 - \frac{1}{4}t_{0.05}(16), 20 + \frac{1}{4}t_{0.05}(16) \right)$ (B)$\left(20 - \frac{1}{4}t_{0.1}(16), 20 + \frac{1}{4}t_{0.1}(16) \right)$

(C)$\left(20 - \frac{1}{4}t_{0.05}(15), 20 + \frac{1}{4}t_{0.05}(15) \right)$ (D)$\left(20 - \frac{1}{4}t_{0.1}(15), 20 + \frac{1}{4}t_{0.1}(15) \right)$

11.(数学一) 设 $X_1,X_2,\cdots,X_n$ 是来自正态总体 $X \sim N(\mu_0,\sigma^2)$ 的简单随机样本，则 σ^2 的 $1-\alpha$ 的置信区间为(　　)(其中 μ_0 为已知常数).

(A)$\left(\frac{1}{\chi_{\alpha/2}^2(n)}\sum_{i=1}^{n}(X_i - \mu_0)^2, \frac{1}{\chi_{1-\alpha/2}^2(n)}\sum_{i=1}^{n}(X_i - \mu_0)^2 \right)$

(B) $\left(\dfrac{1}{\chi^2_{1-\alpha/2}(n)}\sum_{i=1}^{n}(X_i-\mu_0)^2,\dfrac{1}{\chi^2_{\alpha/2}(n)}\sum_{i=1}^{n}(X_i-\mu_0)^2\right)$

(C) $\left(\dfrac{1}{z_{\alpha/2}(n)}\sum_{i=1}^{n}(X_i-\mu_0)^2,\dfrac{1}{z_{1-\alpha/2}(n)}\sum_{i=1}^{n}(X_i-\mu_0)^2\right)$

(D) $\left(\dfrac{1}{z_{1-\alpha/2}(n)}\sum_{i=1}^{n}(X_i-\mu_0)^2,\dfrac{1}{z_{\alpha/2}(n)}\sum_{i=1}^{n}(X_i-\mu_0)^2\right)$

二、填空题

12. 设 $X_1,X_2,\cdots,X_n$ 是取自服从几何分布的总体 X 的一个样本,总体的分布律为 $P(X=k)=p(1-p)^{k-1},k=1,2,\cdots$ 其中 p 未知,$0<p<1$,p 的矩估计量为_____.

13. 设总体 X 在区间 $[0,\theta]$ 上服从均匀分布,则未知参数 θ 的矩法估计量为_____.

14. 设总体 X 具有概率密度:

$$f(x;\theta)=\begin{cases}\dfrac{2}{\theta^2}(\theta-x), & 0<x<\theta \\ 0, & \text{其他}\end{cases}$$

参数 θ 未知,则 θ 的矩估计量是_____.

15. 设总体 X 的概率密度为 $f(x;\theta)=\begin{cases}e^{-(x-\theta)}, & x\geqslant\theta \\ 0, & x<\theta\end{cases}$,而 $X_1,X_2,\cdots,X_n$ 为来自总体的一个简单随机样本,则未知参数 θ 的矩估计量为_____.

16. 设总体 X 服从几何分布,其分布律为

$$P\{X=x\}=p(1-p)^{x-1},x=1,2,\cdots$$

则参数 $p(0<p<1)$ 的最大似然估计量是_____.

17. 设总体 X 服从正态分布 $N(\mu,\sigma^2)$,μ,σ^2 未知,则 $p=P(X\geqslant 2)$ 的最大似然估计量是_____.

18. (数学一)已知某铁厂的铁水的含碳量(%)在正常情况下服从正态分布,且标准差 $\sigma=0.108$.现测量 5 炉铁水,其含碳量分别为 4.28,4.40,4.42,4.35,4.37,则均值 μ 的置信水平为 0.95 的置信区间是_____ ($\Phi(1.96)=0.975$,其中 $\Phi(x)$ 为标准正态分布的分布函数).

19. (数学一)假设某种批量生产的配件的内径 X 服从正态分布 $N(\mu,\sigma^2)$,今随机抽取 16 个,测得平均内径为 3.05 mm,样本标准差为 0.16 mm,则 μ 的置信水平为 0.95 的置信区间是_____ ($t_{0.025}(15)=2.131\,4$,$t_{0.025}(16)=21.119$,$t_{0.05}(15)=1.753\,1$).

三、解答题

20. 设总体 X 的分布律为

X	1	2	3
P	θ^2	$1-\theta-2\theta^2$	$\theta^2+\theta$

其中,θ 为未知参数.现抽得一个样本 2,3,2,1,3,1,2,3,3,求 θ 的矩估计值.

21. 已知总体 X 的概率密度为
$$f(x;\theta)=\begin{cases}(\theta+2)x^{\theta+1}, & 0\leqslant x\leqslant 1\\ 0, & 其他\end{cases}$$
其中 $\theta(\theta>0)$ 为未知参数.若 $X_1,X_2,\cdots,X_n$ 是取自总体 X 的一个样本,试求参数 θ 的矩估计量.

22. 设 $X_1,X_2,\cdots,X_n$ 为来自总体 X 的一个样本,总体 X 的均值 μ 及方差 σ^2 都存在,且 $\sigma^2>0$. 试求总体 X 的均值 μ 和方差 σ^2 的矩估计量.

23. 设总体 $X\sim B(m,p)$,其中 m 已知,p 未知.现从总体 X 中抽取简单随机样本 $X_1,X_2,\cdots,X_n$,试求 p 的矩估计和最大似然估计.

24. 设 $x_1,x_2,\cdots,x_n$ 是取自总体 X 的一个样本值,且 X 服从参数为 λ 的泊松分布,求未知参数 λ 的最大似然估计量.

25. 设总体 X 服从区间 $[a,b]$ 上的均匀分布,其中参数 a,b 未知,$X_1,X_2,\cdots,X_n$ 是来自 X 的一个样本.求:(1) 参数 a,b 的矩估计;(2) 参数 a,b 的最大似然估计.

26. 设总体 X 的概率分布律为

X	0	1	2	3
P	θ^2	$2\theta(1-\theta)$	θ^2	θ^2

其中 $\theta(0<\theta<0.5)$ 是未知参数,利用总体 X 的如下样本值:3,1,3,0,3,1,2,3,求 θ 的矩估计值和最大似然估计值.

27. 设总体 X 的概率密度 $f(x;\theta)$ 为
$$f(x;\theta)=\begin{cases}\theta e^{-\theta x}, & x\geqslant 0\\ 0, & x<0\end{cases}(\theta>0)$$
从 X 中抽取 10 个样本,得数据如下:
1 050,1 100,1 080,1 200,1 300,1 250,1 340,1 060,1 150,1 150
试用最大似然估计法估计未知参数 θ.

28. 设 $X_1,X_2,\cdots,X_n$ 为总体 X 的一个样本,总体 X 的概率密度为
$$f(x;\theta)=\begin{cases}\dfrac{6x}{\theta^3}(\theta-x), & 0<x<\theta\\ 0, & 其他\end{cases}$$
求:(1) θ 的矩估计量 $\hat{\theta}$;(2) $\hat{\theta}$ 的方差 $D(\hat{\theta})$.

29. (数学一)设总体 X 服从泊松分布 $\pi(\lambda)$,其中 $\lambda>0$,$X_1,X_2,\cdots,X_n$ 是总体的一个样本,证明:(1) 虽然 $\overline{X}$ 是 λ 的无偏估计,但 $\overline{X}^2$ 不是 λ^2 的无偏估计;(2) 样本函数 $\dfrac{1}{n}\sum_{i=1}^{n}X_i(X_i-1)$ 是 λ^2 的无偏估计.

30. (数学一)已知总体 X 服从正态分布 $N(\mu,\sigma^2)$,现从总体 X 中随机抽取样本 X_1,X_2,X_3,证明:以下 3 个统计量

$$\hat{\mu}_1 = \frac{X_1}{2} + \frac{X_2}{3} + \frac{X_3}{6}, \quad \hat{\mu}_2 = \frac{X_1}{2} + \frac{X_2}{4} + \frac{X_3}{4}, \quad \hat{\mu}_3 = \frac{X_1}{3} + \frac{X_2}{3} + \frac{X_3}{3}$$

都是总体均值 $E(X) = \mu$ 的无偏估计量,并确定哪个估计量更有效.

31.(数学一)某旅行社为调查当地旅游者的平均消费额,随机访问了 100 名旅游者,得知平均消费额 $\bar{x} = 80$ 元.根据经验,已知旅游者消费服从正态分布,且标准差 $\sigma = 12$ 元,求该地旅游者平均消费额 μ 的置信水平为 0.95 的置信区间($\Phi(1.96) = 0.975$,其中 $\Phi(x)$ 为标准正态分布的分布函数).

32.(数学一)一大型快餐店的经理欲了解顾客在店内的逗留时间,从顾客中随机抽取 9 名,测得他们在店内的逗留时间(单位:min)如下:

14.8　15.1　14.7　14.9　15.2　14.8　15.2　15.0　15.3

若顾客的逗留时间服从正态分布 $N(\mu, \sigma^2)$,且 σ^2 未知,求平均逗留时间 μ 的置信水平为 0.95 的置信区间($t_{0.025}(8) = 2.3060, t_{0.025}(9) = 2.2622$).

33.(数学一)某咨询机构欲了解 2016 年某城市数字高端群体中的在校大学生和年轻白领在 48 h 内的上网时间,分别调查了 10 位在校大学生和 10 位年轻白领,获得他们上网时间见下表.

在校大学生和年轻白领在 48 h 内的上网时间　　　　　　　　　　(单位:min)

在校大学生	620	570	650	600	630	580	570	600	580	600
年轻白领	560	590	560	570	580	570	600	550	570	550

设在校大学生和年轻白领上网时间都服从正态分布,且方差相同.取置信水平为 0.95,试对在校大学生和年轻白领在 48 h 内平均上网时间之差作区间估计($t_{0.025}(18) = 2.1009, t_{0.025}(20) = 2.0860$).

34.(数学一)为了研究男、女大学生在生活费支出(单位:元)上的差异,在某大学随机地抽取了 21 名男生和 26 名女生进行调查,由其调查结果算得男生和女生生活费支出的样本方差分别为 $s_1^2 = 260, s_2^2 = 280$.设男、女大学生的生活费支出都服从正态分布,试求两个总体方差之比 $\dfrac{\sigma_1^2}{\sigma_2^2}$ 置信水平为 0.95 的置信区间($F_{0.025}(20, 25) = 2.30, F_{0.025}(25, 20) = 2.40$).

第八章 假设检验(数学一)

一、选择题

1. 假设检验时,若增大样本容量,则犯两类错误的概率(　　).

(A) 都增大　　　　　　　　　(B) 都减小

(C) 都不变　　　　　　　　　(D) 一个增大、一个减小

2. 下列说法中正确的是(　　).

(A) 如果备择假设是正确的,但做出的决策是拒绝备择假设,则犯了弃真错误

(B) 如果备择假设是错误的,但做出的决策是接受备择假设,则犯了取伪错误

(C) 如果原假设是正确的,但做出的决策是接受备择假设,则犯了弃真错误

(D) 如果原假设是错误的,但做出的决策是接受备择假设,则犯了取伪错误

3. 对于正态总体 $N(\mu,\sigma^2)$ 的均值 μ 进行假设检验,如果在显著水平 0.05 下接受 $H_0:\mu=\mu_0$,那么在显著水平 0.01 下,下列结论正确的是(　　).

(A) 必接受 H_0　　　　　　　(B) 可能接受,也可能拒绝 H_0

(C) 必拒绝 H_0　　　　　　　(D) 不接受,也不拒绝 H_0

4. 有一罐装可乐生产流水线,生产每罐的容量 X(单位:mL)服从正态分布.根据质量要求每罐容积的标准差不超过 5 mL.为了检查某日开工后生产流水线的工作是否正常,从流水线生产的产品中随机抽取产品进行检验,取检验假设 $H_0:\sigma^2 \leqslant 25$,显著水平 $\alpha=0.05$,则下列命题中正确的是(　　).

(A) 若生产正常,则检验结果也认为生产正常的概率等于 95%

(B) 若生产不正常,则检验结果也认为生产不正常的概率等于 95%

(C) 若检验结果认为生产正常,则生产确实正常的概率等于 95%

(D) 若检验结果认为生产不正常,则生产确实不正常的概率等于 95%

二、填空题

5. 已知总体 X 的概率密度只有两种可能,设

$$H_0:f(x)=\begin{cases}\dfrac{1}{2}, & 0\leqslant x\leqslant 2\\ 0, & \text{其他}\end{cases}, \quad H_1:f(x)=\begin{cases}\dfrac{x}{2}, & 0\leqslant x\leqslant 2\\ 0, & \text{其他}\end{cases}$$

对总体 X 进行一次观察,规定 $X_1\geqslant\dfrac{2}{3}$ 时,拒绝 H_0,否则拒绝 H_1,则此检验的 α 和 β 分别为_____.

6. 设总体 $X\sim N(\mu,\sigma^2)$,由来自总体 X 的容量为 10 的样本,测得样本方差 $s^2=0.10$,则检验假设 $H_0:\sigma^2\leqslant 0.06$ 使用统计量 χ^2 的值等于_____,在显著水平 $\alpha=0.025$ 下_____H_0($\chi^2_{0.05}(9)=16.919,\chi^2_{0.05}(10)=18.307,\chi^2_{0.025}(9)=19.203,\chi^2_{0.025}(10)=20.483$).

三、解答题

7. 某灯泡厂生产一种节能灯泡,其使用寿命(单位:h)长期以来服从正态分布 $N(1\,600,150^2)$.现从一批灯泡中随意抽取 25 只,测得它们的平均寿命为 1 636 h.假定灯泡寿命的标准差稳定不变,问这批灯泡的平均寿命是否等于 1 600 h(取显著性水平 $\alpha = 0.05$)($\Phi(1.96) = 0.975$)?

8. 水泥厂用自动包装机包装水泥,每袋额定质量是 50 kg,某日开工后随机抽查了 9 袋,称得其质量如下:

$$49.6 \quad 49.3 \quad 50.1 \quad 50.0 \quad 49.2 \quad 49.9 \quad 49.8 \quad 51.0 \quad 50.2$$

设每袋质量服从正态分布,问包装机工作是否正常($\alpha = 0.05$)($t_{0.025}(8) = 2.306, t_{0.025}(9) = 2.262\,2$)?

9. 一工厂生产一种灯管,已知灯管的寿命 X 服从正态分布 $N(\mu, 40\,000)$,根据以往的生产经验,知道灯管的平均寿命不会超过 1 500 h.为了提高灯管的平均寿命,工厂采用了新的工艺.为了弄清楚新工艺是否真的能提高灯管的平均寿命,他们测试了采用新工艺生产的 25 只灯管的寿命,其平均寿命是 1 575 h.试问:可否由此判定这恰是新工艺的效应,而非偶然的原因使得抽出的这 25 只灯管的平均寿命较长呢(取显著水平为 $\alpha = 0.05, \Phi(0.95) = 1.645$)?

10. 某厂生产的某种型号的电池,其寿命(以 h 计)长期以来服从方差 $\sigma^2 = 5\,000$ 的正态分布,现有一批这种电池,从它的生产情况来看,寿命的波动性有所改变.现随机取 26 只电池,测出其寿命的样本方差 $s^2 = 9\,200$.问根据这一数据能否推断这批电池的寿命的波动性较以往的有显著的变化(取 $\alpha = 0.02, \chi^2_{0.99}(25) = 11.524, \chi^2_{0.01}(25) = 44.314\,1$)?

11. 某盐业公司用机器包装食盐,按规定每袋标准质量为 1 kg,标准差不得超过 0.02 kg.某日开工后,为了检查机器工作是否正常,从装好的食盐中抽取 9 袋,称得其质量(单位:kg)为

$$0.994 \quad 1.014 \quad 1.020 \quad 0.950 \quad 1.030 \quad 0.968 \quad 0.976 \quad 1.048 \quad 0.982$$

假定食盐的袋装质量服从正态分布,问当日机器工作是否正常(取 $\alpha = 0.05, \chi^2_{0.05}(8) = 15.507$)?

12. 某工厂用自动生产线生产金属丝,假定金属丝折断力 X(单位:kg)服从正态分布,其合格标准:平均值为 580,方差不超过 64.某日开工后,随机抽取 10 根做折断力检测,测得的结果如下:

$$578 \quad 572 \quad 570 \quad 568 \quad 572 \quad 570 \quad 572 \quad 596 \quad 584 \quad 570$$

试问此日自动生产线是否正常工作($\alpha = 0.05, t_{0.025}(9) = 2.262\,2, \chi^2_{0.05}(9) = 16.919$)?

13. 为比较甲、乙两种安眠药的疗效,将 20 名患者分成两组,每组 10 人,如服药后延长的睡眠时间分别服从正态分布,其数据见下表.

20 名患者分别服用甲、乙安眠药延长的睡眠时间　　　　　　　　(单位:h)

甲	5.5	4.6	4.4	3.4	1.9	1.6	1.1	0.8	0.1	−0.1
乙	3.7	3.4	2.0	2.0	0.8	0.7	0	−0.1	−0.2	−1.6

问在显著性水平 $\alpha = 0.05$ 下两种药的疗效有无显著差别($F_{0.025}(9,9) = 4.03, t_{0.025}(18) = 2.100\,9$)?

第二部分　习题精解

第一章　随机事件和概率

一、选择题

1.【大纲考点】事件的关系与运算.

【解题思路】根据事件的运算及关系进行计算.

【答案解析】应选(B).

由于 $B-A=B-A\cap B$，再由已知条件可得 $B-A\cap B=B$，因此 $A\cap B=\varnothing$.

2.【大纲考点】事件的关系与运算.

【解题思路】根据事件的运算及关系进行推演.

【答案解析】应选(B).

事实上，$\overline{A}\cap B$ 表示"事件 B 发生,而事件 A 不发生",而 $A-B$ 表示"事件 A 发生,而事件 B 不发生",因此 $A-B\neq\overline{A}\cap B$.

3.【大纲考点】事件的关系与运算.

【解题思路】根据对立事件、积事件、和事件的概念推演.

【答案解析】应选(D).

事实上，$\overline{A_1}\,\overline{A_2}A_3\cup\overline{A_1}A_2\overline{A_3}\cup A_1\overline{A_2}\,\overline{A_3}$ 表示"仅有两个零件是废品"，即(D) 选项是错误的.

4.【大纲考点】事件的关系与运算.

【解题思路】根据事件的包含关系、不可能事件进行计算.

【答案解析】应选(D).

$A\cup B=B$ 等价于 $A\subset B$ 或 $\overline{B}\subset\overline{A}$ 或 $A\overline{B}=\varnothing$，而 $\overline{A}B=B-AB=B-A$. 所以(D) 与 $A\cup B=B$ 不等价.

5.【大纲考点】完备事件组或样本空间的划分.

【解题思路】根据对立事件的概念判断正确选项.

【答案解析】应选(C).

事件 A,B 互为对立事件的充分必要条件是 $A\cup B=S$，$A\cap B=\varnothing$，即事件 A,B 构成样本空间的一个划分或完备事件组.

6.【大纲考点】事件的关系与运算.

【解题思路】根据"电炉就断电"就是"两个温控器的显示温度不低于临界温度 t_0"进行判断.

【答案解析】应选(C).

由已知条件，$\{T_{(i)}\geqslant t_0\}$ 表示 4 个温控器中有 $4-(i-1)$ 个温控器的显示温度不低于临界温度 t_0，因为只要有两个温控器的显示温度不低于临界温度 t_0，电炉就断电，即事件 E 发生，所以事件 E 等价于事件 $\{T_{(3)}\geqslant t_0\}$.

7.【大纲考点】事件的关系与运算.

【解题思路】首先将"甲种产品畅销"与"乙种产品滞销"分别用字母表示,通过事件的运算得到 $\overline{A}$ 的确切含义.

【答案解析】应选(B).

设 B 表示"甲种产品畅销",C 表示"乙种产品畅销",因为事件 A 表示"甲种产品畅销,乙种产品滞销",所以 $A=B\overline{C}$.于是 $\overline{A}=\overline{B\overline{C}}=\overline{B}\bigcup C$,即 A 的对立事件表示"甲种产品滞销或乙种产品畅销".

8.【大纲考点】随机事件的概念.

【解题思路】利用互斥事件与对立事件、不可能事件与概率为零事件的关系与区别进行判断.

【答案解析】应选(C).

若 $P(AB)=0$,则 AB 未必是不可能事件.如,随机地向区间 $[0,1]$ 内投点,X 表示点的坐标,令 $A=B=\{X=\sqrt{2}\}$,则事件 A,B 为两个随机事件,且都有可能发生,而 $AB=\{X=\sqrt{2}\}$,由几何概率可知:$P(AB)=0$.故此排除(A),(B).再如,掷一枚骰子,A 表示"出现 2 点",B 表示"出现 6 点",则 $AB=\varnothing$,从而 $P(AB)=0$.但 $P(A)=P(B)=\dfrac{1}{6}$,排除(D).综上所述,选(C).

9.【大纲考点】概率的基本性质.

【解题思路】根据事件的运算关系及概率的基本性质进行推演.

【答案解析】应选(D).

由事件的运算关系可知,$A\bigcap\overline{B}=A-B=A-AB$,且 $AB\subset A$,再由概率的性质得 $P(A\bigcap\overline{B})=P(A-AB)=P(A)-P(AB)$.

10.【大纲考点】事件的关系及运算、概率的基本性质.

【解题思路】依据事件的关系及运算、概率的基本性质推演正确选项.

【答案解析】应选(C).

如果 $A\subset B$,那么 $A\bigcup B=B$,$A\bigcap B=A$,$\overline{A}\bigcap B=B-AB$,于是
$$P(A\bigcap B)=P(A),P(A\bigcup B)=P(B)$$
$$P(\overline{A}\bigcap B)=P(B)-P(AB)=P(B)-P(A)$$

因此,可以排除选项(A),(B),(D).

11.【大纲考点】事件的关系及运算、概率的基本性质.

【解题思路】依据事件的关系及运算、概率的基本性质推演正确选项.

【答案解析】应选(D).

因为事件 A 与事件 B 互不相容,所以 $P(AB)=0$.于是
$$P(\overline{A}\bigcup\overline{B})=P(\overline{AB})=1-P(AB)=1$$

12.【大纲考点】事件的关系及运算、概率的基本性质.

【解题思路】由事件的关系及运算、概率的基本性质推演正确选项.

【答案解析】应选(C)

由于事件 A,B 互不相容,即 $A \cap B = \varnothing$,从而 $P(A \cap B) = P(\varnothing) = 0$.

13.【大纲考点】概率的基本性质.

【解题思路】先根据概率的基本性质得到 $P(AB)$,再计算 $P(\overline{B}A)$.

【答案解析】应选(B).

因为 $P(A \cup B) = P(A) + P(B) - P(AB)$,由已知有 $0.8 = 0.2 + (1-0.4) - P(AB)$,所以 $P(AB) = 0$.故得

$$P(\overline{A}\,\overline{B}) = 1 - P(A \cup B) = 1 - 0.8 = 0.2$$
$$P(B-A) = P(B) - P(AB) = 0.6$$
$$P(\overline{B}A) = P(A-AB) = P(A) - P(AB) = 0.2$$

14.【大纲考点】概率的基本性质、事件的独立性.

【解题思路】根据概率的基本性质和事件的独立性直接计算即可.

【答案解析】应选(B).

由概率的性质及事件的独立性,可知
$$P(AB\overline{C}) = P(AB-ABC) = P(AB) - P(ABC) = P(A)P(B) - P(ABC)$$
$$= \frac{1}{2} \times \frac{1}{2} - \frac{1}{5} = \frac{1}{20}$$

15.【大纲考点】古典型概率.

【解题思路】根据排列或者组合计算样本空间以及事件所包含的基本事件总数.

【答案解析】应选(C).

设 A 表示"两次出现的点数之和等于8",由已知条件 $V_S = 6 \times 6 = 36$,$V_A = 5$,所以 $P(A) = \dfrac{V_A}{V_S} = \dfrac{5}{36}$.

16.【大纲考点】条件概率,概率的基本性质.

【解题思路】根据条件概率的定义得到 $P(AB)$,$P(B)$ 的关系,再根据概率的基本性质计算两个事件的和事件的概率.

【答案解析】应选(C).

因为 $P(A \mid B) = \dfrac{P(AB)}{P(B)}$,$P(A \mid B) = 1$,所以 $P(AB) = P(B)$.从而
$$P(A \cup B) = P(A) + P(B) - P(AB) = P(A)$$

17.【大纲考点】概率的基本性质.

【解题思路】根据概率的基本性质推演.

【答案解析】应选(C).

由于 $AB \subset A$,$AB \subset B$,根据概率的基本性质,有 $P(AB) \leqslant P(A)$ 且 $P(AB) \leqslant P(B)$,从而 $P(AB) \leqslant \dfrac{P(A)+P(B)}{2}$.

18.【大纲考点】条件概率、乘法公式、事件独立性.

【解题思路】根据条件概率、乘法公式、事件的独立性进行推演.

【答案解析】应选(B).

因为 $0 < P(A) < 1, 0 < P(B) < 1$,所以由条件概率的定义 $P(A \mid B) = \dfrac{P(AB)}{P(B)}$ 及已知条件 $P(A \mid B) = P(A)$ 得 $P(AB) = P(A)P(B)$,故 A, B 相互独立.

19.【大纲考点】事件的独立性.

【解题思路】根据事件两两独立与相互独立之间关系进行判断.

【答案解析】应选(A).

根据两两独立与相互独立的概念可以推知"若 A_1, A_2, A_3 相互独立,则 A_1, A_2, A_3 两两独立",而"A_1, A_2, A_3 两两独立,则 A_1, A_2, A_3 未必相互独立","若 $P(A_1 A_2 A_3) = P(A_1)P(A_2)P(A_3)$,未必 A_1, A_2, A_3 相互独立",另外,独立性不具有传递性.故选(A).

20.【大纲考点】事件的独立性.

【解题思路】根据3个事件的相互独立与两两独立的联系与区别进行判断.

【答案解析】应选(C).

因为
$$P(A_1) = P(A_2) = P(A_3) = \frac{1}{2}, P(A_4) = \frac{1}{4}$$
$$P(A_1 A_2) = P(A_1 A_3) = P(A_2 A_3) = P(A_2 A_4) = \frac{1}{4}, P(A_1 A_2 A_3) = 0$$

所以
$$P(A_1 A_2) = P(A_1)P(A_2), P(A_1 A_3) = P(A_1)P(A_3), P(A_2 A_3) = P(A_2)P(A_3)$$
$$P(A_2 A_4) \neq P(A_2)P(A_4), P(A_1 A_2 A_3) \neq P(A_1)P(A_2)P(A_3)$$

故得 A_1, A_2, A_3 两两独立,而不相互独立;A_2, A_3, A_4 不两两独立,更不相互独立.

21.【大纲考点】事件的独立性.

【解题思路】根据"两两独立"与"相互独立"之间区别与联系进行判断.

【答案解析】应选(A).

若 A, B, C 相互独立,则 $P(ABC) = P(A)P(B)P(C), P(BC) = P(B)P(C)$,所以 $P(ABC) = P(A)P(BC)$,即 A 与 BC 独立.

若 A, B, C 3个事件两两独立,且 A 与 BC 独立,则 $P(AB) = P(A)P(B), P(BC) = P(B)P(C), P(AC) = P(A)P(C), P(ABC) = P(A)P(BC) = P(A)P(B)P(C)$.得 A, B, C 相互独立.

综上所述,选项(A)符合题意.

22.【大纲考点】概率的基本性质、事件的独立性.

【解题思路】注意甲、乙、丙3人向同一目标独立地射击,目标被击中意味着甲、乙、丙3人至少有一人击中目标.

【答案解析】应选(A).

设 A,B,C 分别表示"甲、乙、丙击中目标",则目标被击中的概率为
$$P(A \cup B \cup C) = 1 - P(\overline{A}\,\overline{B}\,\overline{C}) = 1 - P(\overline{A})P(\overline{B})P(\overline{C})$$
$$= 1 - (1 - P(A))(1 - P(B))(1 - P(C))$$
$$= 1 - (1 - 0.5)(1 - 0.6)(1 - 0.7) = 0.94$$

23.【大纲考点】概率的基本性质、事件的独立性.

【解题思路】根据事件独立性的性质及概率的基本性质直接计算.

【答案解析】应选(B).

由于事件 A 与 B 相互独立,故 $\overline{A}$ 和 $\overline{B}$ 也相互独立,因此由概率的基本性质,得
$$P(A \cup B) = 1 - P(\overline{A}\,\overline{B}) = 1 - P(\overline{A})P(\overline{B})$$
$$= 1 - 0.5 \times 0.6 = 0.7$$

24.【大纲考点】概率的基本性质,事件的独立性.

【解题思路】由事件独立性的性质及概率的基本性质计算.

【答案解析】应选(B).

由已知条件,得
$$P(A-B) = 0.3 = P(A) - P(AB) = P(A) - P(A)P(B)$$
$$= P(A) - 0.5P(A) = 0.5P(A)$$

于是 $P(A) = 0.6$,故 $P(B-A) = P(B) - P(AB) = 0.5 - 0.5P(A) = 0.2$.

25.【大纲考点】概率的基本性质、事件的独立性.

【解题思路】"甲、乙、丙能够译出此密码"即"甲、乙、丙至少有一人能够译出此密码".

【答案解析】应选(C).

设 A,B,C 分别表示"甲、乙、丙能够译出此密码",则此密码被译出的概率为
$$P(A \cup B \cup C) = 1 - P(\overline{A}\,\overline{B}\,\overline{C}) = 1 - P(\overline{A})P(\overline{B})P(\overline{C})$$
$$= 1 - (1 - P(A))(1 - P(B))(1 - P(C))$$
$$= 1 - (1 - 0.25)(1 - 0.25)(1 - 0.25) = \frac{37}{64}$$

26.【大纲考点】概率的基本性质,事件的独立性.

【解题思路】"甲、乙击中目标"也就是"甲、乙至少有一人击中目标",另外需注意甲、乙两人独立射击的情况.

【答案解析】应选(B).

设 A,B 分别表示"甲、乙击中目标",则目标被击中的概率为
$$P(A \cup B) = 1 - P(\overline{A}\,\overline{B}) = 1 - P(\overline{A})P(\overline{B}) = 1 - (1-0.5)(1-0.6) = 0.8$$

27.【大纲考点】独立重复试验的概念.

【解题思路】利用伯努利概型的概率公式进行计算.

【答案解析】应选(C).

$$P\{第 4 次射击恰好第 2 次命中目标\}$$

$= P\{$前 3 次射击中恰好命中 1 次目标,第 4 次命中目标$\}$

$= P\{$前 3 次射击中恰好命中 1 次目标$\} \cdot P\{$第 4 次命中目标$\}$

$= C_3^1 p(1-p)^2 \cdot p = C_3^1 p^2 (1-p)^2 = 3p^2 (1-p)^2$

二、填空题

28.【大纲考点】事件的关系与运算.

【解题思路】理解事件之间的关系及运算是解答本题的关键.

【答案解析】应填 $AB \cup BC \cup CA$.

"A,B,C 中至少有两个发生"等价于"A,B 同时发生,或 A,C 同时发生,或 B,C 同时发生",即事件 AB,BC,CA 中至少有一个发生,即 $AB \cup BC \cup CA$.

另外,"事件 A,B,C 中至少有两个发生"可以分解为"A,B,C 中恰有两个发生"与"A,B,C 同时发生"的和事件,因此它可表示为 $AB\bar{C} \cup \bar{A}BC \cup A\bar{B}C \cup ABC$.

因此,应填 $AB \cup BC \cup CA$ 或 $AB\bar{C} \cup \bar{A}BC \cup A\bar{B}C \cup ABC$.

29.【大纲考点】事件的关系与运算、概率的基本性质.

【解题思路】根据已知条件先计算 $P(AB)$,再根据概率的基本性质计算 $P(A \cup B)$.

【答案解析】应填 0.7.

由于 $\qquad P(A-B) = P(A-AB) = P(A) - P(AB)$

由已知条件 $\qquad P(AB) = P(A) - P(A-B) = 0.5 - 0.3 = 0.2$

于是 $\qquad P(A \cup B) = P(A) + P(B) - P(AB) = 0.5 + 0.4 - 0.2 = 0.7$

30.【大纲考点】事件的关系与运算、概率的基本性质.

【解题思路】由已知条件可得 $P(ABC) = 0$.

【答案解析】应填 $\dfrac{5}{8}$.

"A,B,C 中至少有一个发生"即为 $A \cup B \cup C$. 由概率的性质,得

$$P(A \cup B \cup C) = P(A) + P(B) + P(C) - P(AB) - P(BC) - P(CA) + P(ABC)$$

$$= \frac{1}{4} + \frac{1}{4} + \frac{1}{4} - 0 - 0 - \frac{1}{8} + P(ABC)$$

$$= \frac{5}{8} + P(ABC)$$

又 $ABC \subset AB$, 再由概率的性质得 $0 \leqslant P(ABC) \leqslant P(AB)$. 而 $P(AB) = 0$, 于是 $P(ABC) = 0$. 故所求概率 $P(A \cup B \cup C) = \dfrac{5}{8}$.

【名师评注】不要错误认为由 $P(AB)=0$, 可得到 $AB = \varnothing$. 事实上, 当 $P(AB)=0$ 时, AB 不一定是不可能事件 $\varnothing$.

31.【大纲考点】计算古典型的概率.

【解题思路】利用古典概型计算概率时,首先注意到样本空间所包含的样本点总数是有限个,每一个样本点都是等可能发生的.其次注意到计算样本空间所包含的样本点总数和有利事件包含

的样本点总数时,必须在已经确定的样本空间中进行,否则会引起混淆或导致错误的结果.

【答案解析】应填 $\dfrac{1}{2}$.

记 $A=\{$出现点数之和为奇数$\}$.

方法一 若取每次试验所有可能的点数 (i,j)(表示第一颗骰子出现 i 点,第二颗骰子出现 j 点)为样本点,则样本点的总数为 $V_S=36$,且这 36 个样本点组成等概率样本空间,其中 A 包含的样本点数 $V_A=3\times 3+3\times 3=18$,故所求概率为 $P(A)=\dfrac{V_A}{V_S}=\dfrac{1}{2}$.

方法二 由于我们关心的是每次试验出现点数之和的奇偶性,因此,可取每次试验可能出现的结果为$\{$点数和为奇数$\}$,$\{$点数和为偶数$\}$,作为样本点,它们也构成等概率样本空间,样本点的总数 $V_S=2$,A 包含的样本点数 $V_A=1$,故所求概率为 $P(A)=\dfrac{V_A}{V_S}=\dfrac{1}{2}$.

方法三 把每次试验可能出现的结果取为(奇,偶),(奇,奇),(偶,奇),(偶,偶)[记(奇,偶)表示第一颗骰子出现奇数点,第二颗骰子出现偶数点],则这 4 个样本点也组成等概率样本空间,样本点的总数 $V_S=4$,包含 A 的样本点数 $V_A=2$,故 $P(A)=\dfrac{V_A}{V_S}=\dfrac{1}{2}$.

【名师评注】在方法三中若取 A 表示"出现两个数是奇数"、B 表示"出现的两个数一个是奇数,而另一个是偶数"、C 表示"出现的两个数是偶数"作为样本点,组成样本空间,则得出 $P(A)=\dfrac{1}{3}$,错误的原因在于所选取的样本空间不是等概率的,事实上,$P(A)=\dfrac{1}{4}$,$P(B)=\dfrac{1}{2}$.

32.【大纲考点】古典概率的计算.

【解题思路】把指定的 3 本书看成一个整体是本题的解题关键.

【答案解析】应填 $\dfrac{1}{15}$.

由已知条件样本空间所含基本事件的总数是对 10 本书进行的全排列数 B,以事件 A 表示"指定的 3 本书放在一起",那么事件 C 可以看成分两步得到:第一步将 3 本书看成一个整体与剩余的 7 本书进行全排列,所有可能排列数为 8! 种;第二步再将 3 本书进行全排列,所有可能的排列数为 3! 种.因此由乘法原理知,A 所包含的基本事件数为 $V_A=8!\times 3!$,从而所求的概率为

$$P(A)=\dfrac{V_A}{V_S}=\dfrac{8!\times 3!}{10!}=\dfrac{1}{15}$$

33.【大纲考点】事件的关系与运算,概率的基本性质.

【解题思路】先由已知条件计算 $P(AB)$,再由概率的基本性质计算 $P(A\bar{B})$.

【答案解析】应填 0.3.

因为 $P(A\cup B)=P(A)+P(B)-P(AB)$

由已知条件,有

$P(AB)=P(A)+P(B)-P(A\cup B)=0.4+0.3-0.6=0.1$

于是 $P(A\bar{B})=P(A-B)=P(A)-P(AB)=0.4-0.1=0.3$

34.【大纲考点】条件概率,概率的基本性质.

【解题思路】根据条件概率的定义及概率的基本性质推演.

【答案解析】应填 $\frac{1}{4}$.

因为
$$P(B|A\cup\overline{B})=\frac{P[B(A\cup\overline{B})]}{P(A\cup\overline{B})}=\frac{P(AB)+P(B\overline{B})}{P(A)+P(\overline{B})-P(A\overline{B})}$$
$$=\frac{P(AB)}{(1-0.3)+(1-0.4)-0.5}=\frac{P(AB)}{0.8}$$

又 $P(A\overline{B})=P(A-AB)=P(A)-P(AB)$

所以 $P(AB)=P(A)-P(A\overline{B})=(1-0.3)-0.5=0.2$

故 $P(B|A\cup\overline{B})=\frac{P(AB)}{0.8}=\frac{0.2}{0.8}=\frac{1}{4}$

35.【大纲考点】概率的基本性质.

【解题思路】根据概率的基本性质进行计算.

【答案解析】应填 $1-p$.

因为 $P(A\cup B)=P(A)+P(B)-P(AB)$,所以
$$P(\overline{A}\,\overline{B})=P(\overline{A\cup B})=1-P(A\cup B)=1-[P(A)+P(B)-P(AB)]$$
$$=1-P(A)-P(B)+P(AB)=1-p-P(B)+P(AB)$$

于是由已知条件得 $P(B)=1-p$

36.【大纲考点】计算古典型概率,事件的运算及关系.

【解题思路】"3个分到球的人恰有1个得到红球"等价于"一人分到红球,其他两人分到的是白球".

【答案解析】应填 $C_3^1\left(\dfrac{3}{10}\right)\left(\dfrac{7}{10}\right)^2$.

设 A_i 表示"第 i 个人分到红球",其中 $i=1,2,\cdots,10$,A 表示"第 $8,9,10$ 个人中一人分到红球".

若把3个红球的位置固定下来,则其他位置必然放置白球,而红球的位置可以有 C_{10}^3 种方法.由于第 i 次取得红球,这个位置上必然放红球,剩下的红球可以在9个位置中任取2个位置,共有 C_9^2 种方法,得 $P(A_i)=\dfrac{C_9^2}{C_{10}^3}(i=1,2,\cdots,10)$.故所求概率为

$$P(A)=P(A_8\overline{A}_9\overline{A}_{10}+\overline{A}_8A_9\overline{A}_{10}+\overline{A}_8\overline{A}_9A_{10})$$
$$=P(A_8\overline{A}_9\overline{A}_{10})+P(\overline{A}_8A_9\overline{A}_{10})+P(\overline{A}_8\overline{A}_9A_{10})$$
$$=C_3^1\left(\dfrac{3}{10}\right)\left(\dfrac{7}{10}\right)^2$$

37.【大纲考点】计算古典型概率.

【解题思路】利用排列分别计算样本空间包含基本事件的总数及所求概率事件包含的基本事件总数.

【答案解析】应填 $\dfrac{4}{7!}$.

设 A 表示"C,C,E,E,I,N,S等7个字母随机排成一行,恰好排成英文单词SCIENCE",那

么样本空间包含的样本点总数是 7 个字母的全排列,即 $V_S = A_7^7$,而 A 包含的样本点总数为 $V_A = A_2^2 A_2^2$,故所求概率为

$$P(A) = \frac{V_A}{V_S} = \frac{A_2^2 A_2^2}{A_7^7} = \frac{4}{7!}$$

38.【大纲考点】 计算古典型概率.

【解题思路】 利用排列分别计算样本空间包含基本事件的总数及所求概率事件包含的基本事件总数,只是注意到本题是可重复的排列问题.

【答案解析】 应填 $\frac{3}{8}$.

已知条件样本空间包含的样本点的总数 $V_S = 4^3$,而有利事件 A 包含样本点数为 $V_A = A_4^3$,于是所求概率

$$P(A) = \frac{V_A}{V_S} = \frac{A_4^3}{4^3} = \frac{3}{8}$$

39.【大纲考点】 计算古典型的概率.

【解题思路】 利用排列或组合分别计算样本空间包含基本事件的总数及所求概率事件包含的基本事件总数.

【答案解析】 应填 $\frac{4}{5}$.

设 A 表示事件"所得分数为既约分数".

方法一 样本空间所含基本事件总数就是从 6 张卡片中任取两张的排列数,即 $V_S = A_6^2 = 6 \times 5 = 30$.于是所得分数为既约分数,必须分子、分母为 3,5,7 中的两个数,或 2,4,8 中的一个数和 3,5,7 中的一个数组成,因此事件 A 所包含的基本事件总数为 $V_A = A_3^2 + 2A_3^1 \cdot A_3^1 = 24$.故所求概率为

$$P(A) = \frac{V_A}{V_S} = \frac{24}{30} = \frac{4}{5}$$

方法二 事件 A 相当于"所取两个数中至少有一个是奇数",A 的对立事件 $\overline{A}$ 是"所取两个数都不是奇数",易见求 $P(\overline{A})$ 较为容易,而

$$P(\overline{A}) = \frac{C_3^2}{C_6^2} = \frac{1}{5}$$

因此

$$P(A) = 1 - P(\overline{A}) = 1 - \frac{1}{5} = \frac{4}{5}$$

【名师评注】 通过方法一和方法二,我们有必要了解事件的对立事件,利用对立事件求概率可以简化计算,这是计算概率常用的方法之一.

40.【大纲考点】 全概率公式.

【解题思路】 根据全概率公式进行计算.

【答案解析】 应填 $\frac{2}{5}$.

设 A_i 表示"第 i 个人取到黄球",其中 $i=1,2$.由于取后不放回,因此第 2 个人取到黄球的可能性与第 1 个人取到什么颜色的球有关,则有

$$A_2 = A_2 S = A_2(A_1 \cup \overline{A_1}) = A_1 A_2 \cup \overline{A_1} A_2$$

又 $A_1 A_2$ 与 $\overline{A_1} A_2$ 互斥,故得

$$P(A_2) = P(A_1 A_2 \cup \overline{A_1} A_2) = P(A_1 A_2) + P(\overline{A_1} A_2) = \frac{20 \times 19}{50 \times 49} + \frac{30 \times 20}{50 \times 49} = \frac{2}{5}$$

【名师评注】本题可以根据抽签原理(抽签与先后顺序无关)解答,第 2 个人抽得黄球与第 1 个人抽到黄球的概率相同,都是 $\frac{20}{50} = \frac{2}{5}$.

41.【大纲考点】几何型概率.

【解题思路】分别写出样本空间的区域及所求概率的事件的平面区域.

【答案解析】应填 $\frac{1}{2} + \frac{1}{\pi}$.

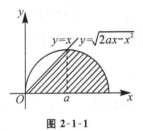

图 2-1-1

设随机地向半圆 $0 < y < \sqrt{2ax - x^2}$ (a 为大于 0 的常数)内掷一点的坐标为 (x, y).那么样本空间为圆心在 $(a, 0)$,半径为 a 的上半圆区域(见图 2-1-1),即 $S = \{(x, y) \mid 0 < y < \sqrt{2ax - x^2}\}$.

原点和该点的连线与 x 轴的夹角小于 $\frac{\pi}{4}$ 的事件 A 为图 2-1-1 阴影部分区域.因此所求概率为

$$P(A) = \frac{|S_A|}{|S|} = \frac{\frac{1}{4}\pi a^2 + \frac{1}{2}a^2}{\frac{1}{2}\pi a^2} = \frac{1}{2} + \frac{1}{\pi}$$

42.【大纲考点】条件概率、事件的关系及运算、概率的基本性质.

【解题思路】注意到事件 A 与 B 相互独立,A 与 C 互不相容,即可得 $P(AC) = 0$,$P(AB) = P(A)P(B)$,而后根据条件概率的定义计算.

【答案解析】应填 $\frac{3}{29}$.

由已知条件得

$$P(AB) = P(A)P(B) = 0.12, P(ABC) = P(AC) = 0$$

$$P(C \mid A \cup B) = \frac{P[C(A \cup B)]}{P(A \cup B)} = \frac{P[CA \cup CB]}{P(A \cup B)} = \frac{P(AC) + P(BC) - P(ABC)}{P(A \cup B)}$$

$$= \frac{P(B)P(C \mid B)}{P(A) + P(B) - P(AB)} = \frac{0.3 \times 0.2}{0.4 + 0.3 - 0.12} = \frac{3}{29}$$

43.【大纲考点】概率的基本性质、乘法公式、条件概率.

【解题思路】因为 $P(A \cup B) = P(A) + P(B) - P(AB)$,所以本题的关键就是求出 $P(B)$,$P(AB)$.

【答案解析】应填 $\dfrac{1}{3}$.

由条件概率的性质及乘法公式,有
$$P(AB)=P(A)P(B\mid A)=\dfrac{1}{4}\times\dfrac{1}{3}=\dfrac{1}{12}$$

又由 $P(A\mid B)=\dfrac{P(AB)}{P(B)}$ 得 $P(B)=\dfrac{P(AB)}{P(A\mid B)}=\dfrac{\frac{1}{12}}{\frac{1}{2}}=\dfrac{1}{6}.$ 从而

$$P(A\bigcup B)=P(A)+P(B)-P(AB)=\dfrac{1}{4}+\dfrac{1}{6}-\dfrac{1}{12}=\dfrac{1}{3}$$

44.【大纲考点】概率的基本性质、条件概率.

【解题思路】根据已知条件及概率的基本性质先计算 $P(A\bigcup\overline{B})$.

【答案解析】应填 $\dfrac{7}{8}$.

由于
$$P(A\bigcup\overline{B})=P(A)+P(\overline{B})-P(A\overline{B})=P(A)+P(\overline{B})-P(A-AB)$$
$$=P(\overline{B})+P(AB)=[1-P(B)]+[1-P(\overline{AB})]=0.6+0.2=0.8$$

故得 $P(A\mid A\bigcup\overline{B})=\dfrac{P[A(A\bigcup\overline{B})]}{P(A\bigcup\overline{B})}=\dfrac{P(A\bigcup A\overline{B})}{P(A\bigcup\overline{B})}=\dfrac{P(A)}{P(A\bigcup\overline{B})}=\dfrac{0.7}{0.8}=\dfrac{7}{8}$

45.【大纲考点】事件独立性、概率的基本性质.

【解题思路】根据事件的独立性及概率的基本性质推演.

【答案解析】应填 $\dfrac{2}{3}$.

因为事件 A 与 B 相互独立,所以 $\overline{A}$ 与 $\overline{B}$ 相互独立,由已知条件可得
$$P(\overline{A}\,\overline{B})=P(\overline{A})P(\overline{B})=\dfrac{1}{9}$$

又由已知条件得 $P(A\overline{B})=P(\overline{A}B)$,即 $P(A)-P(AB)=P(B)-P(AB)$,于是 $P(A)=P(B)$,进而 $P(\overline{A})=P(\overline{B})$.因此 $[P(\overline{A})]^2=\dfrac{1}{9}$,即 $P(\overline{A})=\dfrac{1}{3}$,也就是 $P(A)=1-P(\overline{A})=\dfrac{2}{3}$.

46.【大纲考点】事件独立性、概率的基本性质.

【解题思路】根据事件的独立性及概率的基本性质推演.

【答案解析】应填 $\dfrac{1}{4}$.

根据概率的性质,有
$$P(A\bigcup B\bigcup C)=P(A)+P(B)+P(C)-P(AB)-P(BC)-P(AC)+P(ABC)$$

及已知条件 $P(A)=P(B)=P(C)=\dfrac{1}{2}$ 且 $ABC=\varnothing$,并注意到 A,B,C 两两独立.于是

$$\frac{9}{16} = 3P(A) - 3[P(A)]^2$$

解之得 $P(A) = \frac{1}{4}$ 或 $P(A) = \frac{3}{4}$，又由已知条件 $P(A) < \frac{1}{2}$，故得 $P(A) = \frac{1}{4}$.

三、解答题

47.【大纲考点】概率的基本性质、事件的关系及运算.

【解题思路】利用概率的基本性质及事件的运算关系是解决本题的关键.

【答案解析】(1) 因为 $AB \subset A, AB \subset B$，所以 $P(AB) \leqslant P(A), P(AB) \leqslant P(B)$，即 $P(AB) \leqslant \min\{P(A), P(B)\} = 0.6$，从而当 $A \subset B$，也就是 $AB = A$ 时，$P(AB)$ 的值最大，其值等于 $P(A) = 0.6$.

(2) 由概率加法公式
$$P(A \cup B) = P(A) + P(B) - P(AB)$$

得
$$P(AB) = P(A) + P(B) - P(A \cup B) = 0.6 + 0.7 - P(A \cup B)$$
$$= 1.3 - P(A \cup B)$$

因为 $0 \leqslant P(A \cup B) \leqslant 1$，即当 $A \cup B = S$ 时，$P(A \cup B) = P(S) = 1$ 最大，此时 $P(A \cup B) = 1$ 取最大值，而 $P(AB)$ 取最小值，最小值为 0.3.

48.【大纲考点】概率的基本性质、事件的关系及运算.

【解题思路】先由概率的加法公式求得 $P(AB)$，再根据事件的运算关系求得其他事件的概率.

【答案解析】由概率的加法公式，有
$$P(A \cup B) = P(A) + P(B) - P(AB)$$

知
$$P(AB) = P(A) + P(B) - P(A \cup B) = a + b - c$$

又因为
$$P(A\overline{B}) = P[A(S-B)] = P(A - AB) = P(A) - P(AB)$$

所以
$$P(A\overline{B}) = a - (a + b - c) = c - b$$

再由
$$P(\overline{A}B) = P[B(S - A)] = P(B) - P(BA)$$

得
$$P(\overline{A}B) = (1 - b) - (c - b) = 1 - c$$

【名师评注】根据对立事件计算 $P(\overline{A}\,\overline{B})$ 更简洁，即
$$P(\overline{A}\,\overline{B}) = P(\overline{A \cup B}) = 1 - P(A \cup B) = 1 - c$$

49.【大纲考点】古典概率的计算.

【解题思路】计算出所求概率的事件所包含的基本事件总数是解答本题的关键.

【答案解析】测试 7 次，就是从 10 个晶体管中不放回地抽取 7 个晶体管，其样本空间所包含的基本事件的总数为 $V_S = A_{10}^7$. 设事件 A 表示"经过 7 次测试，3 个次品都已找到"，这就是说在前 6 次测试中有 2 次找到次品，而在第 7 次测试时找到了最后一个次品或者前 7 次测试均为正品，最后剩下的 3 个就是次品，由于 3 个次品均可在最后一次被测试到，所以事件 A 所包含的基本事件数为 $V_A = C_6^2 \cdot C_3^4 \cdot A_7^4 \cdot 3! + C_{10}^7 \cdot 7!$. 因此，所求概率为

$$P(A) = \frac{V_A}{V_S} = \frac{C_6^2 \times C_4^4 \times A_7^4 \times 3! + C_7^7 \times 7!}{A_{10}^7} = \frac{2}{15}$$

50.【大纲考点】计算古典型概率.

【解题思路】注意只有甲、乙两个人时,他们坐在一起是一个必然事件.

【答案解析】令 A 表示事件"甲、乙两人坐在一起",设甲已先坐好,考虑乙的坐法.乙的每一种可能坐法对应一个基本事件.显然乙总共有 $n-1$ 个位置可坐,这 $n-1$ 个位置是等可能的,即样本空间包含基本事件的总数为 $V_S = n-1$,且它们组成等概率样本空间.而有利事件 A,即乙坐在甲的身边,只有两种坐法,故 $V_A = 2$,所求概率为

$$P(A) = \frac{V_A}{V_S} = \frac{2}{n-1}(n > 2)$$

而当 $n = 2$ 时,甲、乙两人坐在一起是必然事件,故其概率为 1.

51.【大纲考点】古典概率的计算.

【解题思路】计算出所求概率的事件所包含的基本事件总数是解答本题的关键.

【答案解析】设 A 表示"最小号码为 5",B 表示"最大号码为 5".

把从 10 个号码中任取 3 个的可能取法作为基本事件,则其样本空间所含的基本事件总数为 $V_S = C_{10}^3 = 120$,它们组成有限等概率样本空间.

完成事件 A 可分两步:先确定最小号码为 5,有 C_1^1 种方法,其余 2 个号码应从 6,7,8,9,10 这 5 个号码中任选 2 个,共有 C_5^2 种方法,这两步依次完成,事件 A 才完成,由乘法原理知,完成事件的方法数,即事件 A 包含基本事件总数为 $V_A = C_1^1 C_5^2 = 10$;同理,事件 B 包含基本事件总数为 $V_B = C_1^1 C_4^2 = 6$,故所求概率为

$$P(A) = \frac{V_A}{V_S} = \frac{1}{12}, P(B) = \frac{V_B}{V_S} = \frac{1}{20}$$

52.【大纲考点】古典概率的计算.

【解题思路】计算出所求概率的事件所包含的基本事件总数是解答本题的关键.

【答案解析】设 A 表示"第 Ⅱ 邮筒内恰好被投入一封信",B 表示"前 3 个邮筒均有信",C 表示"三封信平均被投入两个邮筒".由题意,每封信被投到每个邮筒的概率都是 $\frac{1}{4}$,即每封信各自都有 4 种不同的分配方式,因此,3 封信有 4^3 种不同的分配方法,每一种分法对应着一个基本事件,因而样本空间所包含的基本事件总数为 $V_S = 4^3 = 64$;第 Ⅱ 邮筒内恰好被投入一封信可以分为两步:先从三封信中任选一封信被投入第 Ⅱ 邮筒,共有 C_3^1 种选法,而后再把剩下的两封信随机投入其余的三个邮筒,共有 3^2 种方式,从而 A 所包含的基本事件总数为 $V_A = C_3^1 \cdot 3^2 = 27$;同样可知 B 所包含的基本事件总数是 3 的全排列,即 $V_B = A_3^3 = 6$;事实上,我们不可能把 3 封信平均投入到两个邮筒,也就是说事件 C 是一个不可能事件,所以 $V_C = 0$.故所求概率分别为

$$P(A) = \frac{V_A}{V_S} = \frac{27}{64}, P(B) = \frac{V_B}{V_S} = \frac{3}{32}, P(C) = \frac{V_C}{V_S} = 0$$

53.【大纲考点】古典概率的计算.

【解题思路】计算出所求概率的事件所包含的基本事件总数.

【答案解析】设 A 表示"方程有实根",B 表示"方程有重根".易知一枚骰子接连投掷两次,其基本事件总数为 36,即 $V_S=36$.而此一元二次方程有实根的充要条件是 $b^2-4c\geqslant 0$,即 $c\leqslant\dfrac{b^2}{4}$,有重根的充要条件是 $b^2-4c=0$,即 $c=\dfrac{b^2}{4}$.易知 b,c 的可能取值见下表:

b 的取值	1	2	3	4	5	6
$c\left(\leqslant\dfrac{b^2}{4}\right)$ 的取值		1	1,2	1,2,3,4	1,2,3,4,5,6	1,2,3,4,5,6
$c\left(=\dfrac{b^2}{4}\right)$ 的取值		1		4		

从而可以得到 A 包含的基本事件总数为 $V_A=19$,B 包含的基本事件总数为 $V_B=2$.故所求概率为

$$p=P(A)=\dfrac{V_A}{V_S}=\dfrac{19}{36},\quad q=P(B)=\dfrac{V_B}{V_S}=\dfrac{2}{36}=\dfrac{1}{18}$$

54.【大纲考点】计算古典型概率.

【解题思路】充分利用概率的性质把复杂事件概率计算转化为若干个简单事件的概率计算是解答本问题的关键.

【答案解析】设 $A=\{$取到的数能被 6 整除$\}$、$B=\{$取到的数能被 8 整除$\}$、$C=\{$取到的整数既不能被 6 整除,又不能被 8 整除$\}$,则 $C=\overline{A\cup B}$.得

$$P(C)=P(\overline{A\cup B})=1-P(A\cup B)=1-[P(A)+P(B)-P(AB)]$$

现在分别计算事件 A,B,C 的概率.

由于 $333<\dfrac{2\,000}{6}<334$,则 A 所包含的基本事件总数为 333,得 $P(A)=\dfrac{333}{2\,000}$;

由于 $\dfrac{2\,000}{8}=250$,则 B 所包含的基本事件总数为 250,得 $P(B)=\dfrac{250}{2\,000}$.

又因为一个数同时能被 6 与 8 整除,就相当于被它们的最小公倍数整除.注意到 $83<\dfrac{2\,000}{24}<84$,AB 所包含的基本事件总数为 83,于是 $P(AB)=\dfrac{83}{2\,000}$.故所求概率为

$$P(C)=1-P(A\cup B)=1-[P(A)+P(B)-P(AB)]$$
$$=1-\left[\dfrac{333}{2\,000}+\dfrac{250}{2\,000}-\dfrac{83}{2\,000}\right]=\dfrac{3}{4}$$

55.【大纲考点】几何型概率.

【解题思路】这是一个几何概率问题,正确作图是解题的关键,并注意到三角形的 3 条边所满足的充要条件是任何两个边之和大于第三边.

【答案解析】设 A 表示"3 段构成三角形".

方法一 设 x,y 分别表示其中两段的长度,则第 3 段的长度为 $L-x-y$,且样本空间为
$$S=\{(x,y)\mid 0<x<L,0<y<L,0<x+y<L\}$$
要使三段构成三角形,则
$$x+y>L-x-y, x+(L-x-y)>y$$
$$y+(L-x-y)>x$$

即 $x+y>\dfrac{L}{2}, y<\dfrac{L}{2}, x<\dfrac{L}{2}$. 所以事件 A 为
$$A=\left\{(x,y)\mid x+y>\dfrac{L}{2}, y<\dfrac{L}{2}, x<\dfrac{L}{2}\right\}$$

从而 S 为等腰三角形,腰长为 L, A 为图 2-1-2 中的斜线部分,由几何概率的定义知,所求概率为
$$P(A)=\dfrac{A\ \text{的面积}}{S\ \text{的面积}}=\dfrac{1}{4}$$

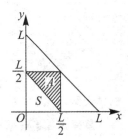

图 2-1-2

方法二 设棒的左端点为数轴上的原点,两折点的坐标分别为 x,y,且 $x<y$,如图 2-1-3 所示,则样本空间为
$$S=\{(x,y)\mid 0<x,y<L, x<y\}$$
注意到 3 段长度依次为 $x, y-x, L-y$,于是
$$A=\left\{(x,y)\mid x<\dfrac{L}{2}, \dfrac{L}{2}<y<x+\dfrac{L}{2}, x,y\in S\right\}$$

S 是直角边为 L 的直角三角形,A 是直角边为 $\dfrac{L}{2}$ 的直角三角形,如图 2-1-3 所示.由几何概率的定义知,所求概率为 $P(A)=\dfrac{1}{4}$.

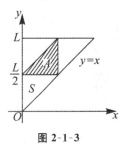

图 2-1-3

方法三 设 x,y,z 分别表示其中 3 段的长度,那么样本空间:
$$S=\{(x,y)\mid 0<x,y,z<L, x+y+z=L\}$$
且 $A=\{(x,y)\mid x+y>z, y+z>x, z+x>y, x,y,z\in S\}$
于是 S,A 如图 2-1-4 所示. S 为三角形 $\triangle EFG$, A 为三角形 $\triangle E'F'G'$. 易知 $\triangle E'F'G'$ 的面积为 $\triangle EFG$ 面积的 $\dfrac{1}{4}$,故由几何概率的定义知,所求概率为
$$P(A)=\dfrac{\triangle E'F'G'\ \text{的面积}}{\triangle EFG\ \text{的面积}}=\dfrac{1}{4}$$

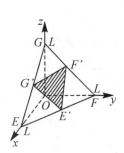

图 2-1-4

56.【大纲考点】条件概率、概率的基本性质、事件的关系.
【解题思路】根据条件概率的计算公式进行推演即可.
【答案解析】(1) 由于 A 与 B 互不相容,即 $P(AB)=P(\varnothing)=0$.那么由条件概率的定义,得
$$P(A\mid B)=\dfrac{P(AB)}{P(B)}=0$$

$$P(\overline{A} \mid \overline{B}) = \frac{P(\overline{A}\,\overline{B})}{P(\overline{B})} = \frac{P(\overline{A \cup B})}{1 - P(B)} = \frac{1 - P(A \cup B)}{1 - P(B)}$$

$$= \frac{1 - [P(A) + P(B) - P(AB)]}{1 - P(B)} = \frac{1 - 0.9}{0.5} = \frac{1}{5}$$

(2) 由于 A 与 B 有包含关系,且 $P(A) < P(B)$,所以 $A \subset B$,$\overline{B} \subset \overline{A}$. 故 $AB = A$,$\overline{A}\,\overline{B} = \overline{B}$. 于是

$$P(A \mid B) = \frac{P(AB)}{P(B)} = \frac{P(A)}{P(B)} = \frac{0.4}{0.5} = \frac{4}{5}$$

$$P(\overline{A} \mid \overline{B}) = \frac{P(\overline{A}\,\overline{B})}{P(\overline{B})} = \frac{P(\overline{B})}{P(\overline{B})} = 1$$

57.【大纲考点】乘法公式、概率的基本性质、条件概率.

【解题思路】根据概率的乘法公式、性质及条件概率的定义计算.

【答案解析】设 A 表示"一年内甲向银行申请贷款",B 表示"一年内乙向银行申请贷款",已知条件 $P(B) = 0.2$, $P(A) = 0.15$, $P(B \mid \overline{A}) = 0.23$,本题所求概率是 $P(A \mid \overline{B})$. 由条件概率公式有 $P(A \mid \overline{B}) = \dfrac{P(A\overline{B})}{P(\overline{B})}$,又因为

$$P(AB) = P(B) - P(\overline{A}B) = P(B) - P(\overline{A})P(B \mid \overline{A}) = 0.004\,5$$

$$P(A\overline{B}) = P(A) - P(AB) = 0.145\,5$$

故所求概率为
$$P(A \mid \overline{B}) = \frac{P(A\overline{B})}{P(\overline{B})} = 0.181\,875$$

58.【大纲考点】条件概率、事件的关系与运算.

【解题思路】"两件产品中至少有一件是不合格品"可以表示为"两件产品都是不合格品"与"两件产品中一件是不合格品,另一件是合格品"的和事件.

【答案解析】设 A 表示"两件产品中至少有一件是不合格品",B 表示"两件产品都是不合格品",C 表示"两件产品中一件是不合格品,另一件是合格品",则 $A = B \cup C$,且 $BC = \varnothing$,得

$$P(A) = P(B \cup C) = P(B) + P(C)$$

$$= \frac{C_4^2}{C_{10}^2} + \frac{C_4^1 C_6^1}{C_{10}^2} = \frac{2}{3}$$

又由于 $B \subset A$,则 $AB = B$. 得 $P(AB) = P(B) = \dfrac{C_4^2}{C_{10}^2} = \dfrac{2}{15}$,故由条件概率公式得所求概率为

$$P(B \mid A) = \frac{P(AB)}{P(A)} = \frac{1}{5}$$

59.【大纲考点】全概率公式.

【解题思路】"MAXAM"中有两个字母脱落这一事件分解为两互不相容的事件之和.

【答案解析】以事件 A_1, A_2, A_3, A_4, A_5 分表示事件"脱落 M, M""脱落 A, A""脱落 M, A""脱落 X, A""脱落 X, M",以 B 表示"放回后仍为'MAXAM'",所求概率为 $P(B)$. 显然 A_1, A_2, A_3, A_4, A_5 两两互不相容,且 $A_1 \cup A_2 \cup A_3 \cup A_4 \cup A_5 = S$. 又由题意得

$$P(A_1) = \frac{C_2^2}{C_5^2} = \frac{1}{10}, P(A_2) = \frac{C_2^2}{C_5^2} = \frac{1}{10}, P(A_3) = \frac{C_2^1 C_2^1}{C_5^2} = \frac{4}{10}$$

$$P(A_4) = \frac{C_1^1 C_2^1}{C_5^2} = \frac{2}{10}, P(A_5) = \frac{C_1^1 C_2^1}{C_5^2} = \frac{2}{10}$$

而 $P(B\mid A_1) = P(B\mid A_2) = 1, P(B\mid A_3) = P(B\mid A_4) = P(B\mid A_5) = \frac{1}{2}$

由全概率公式,得

$$P(B) = \sum_{i=1}^{5} P(A_i) P(B\mid A_i) = \frac{1}{10} + \frac{1}{10} + \frac{2}{10} + \frac{1}{10} + \frac{1}{10} = \frac{3}{5}$$

60.【大纲考点】全概率公式.

【解题思路】注意"已经售出两台",只能有"售出两台均为次品、售出两台恰有一件正品、售出两台均为正品"3 种情况之一发生.

【答案解析】设事件 A 表示"从剩下的电视机中,任取一台是正品",那么 A 的发生只能在下述 3 种"原因"之一下发生:售出两台均为次品,售出两台恰有一件正品和售出两台均为正品.因此令事件 B_i 表示"售出两台恰有 i 件正品",其中 B_i 互不相容,$i=0,1,2$. 再由已知条件可得

$$P(B_0) = \frac{C_3^2}{C_{10}^2} = \frac{1}{15}, \qquad P(B_1) = \frac{C_3^1 C_7^1}{C_{10}^2} = \frac{7}{15}$$

$$P(B_2) = \frac{C_7^2}{C_{10}^2} = \frac{7}{15}, \qquad P(A\mid B_0) = \frac{7}{8}$$

$$P(A\mid B_1) = \frac{6}{8}, \qquad P(A\mid B_2) = \frac{5}{8}$$

由全概率公式可求得所求概率为

$$P(A) = P(B_0) P(A\mid B_0) + P(B_1) P(A\mid B_1) + P(B_2) P(A\mid B_2)$$

$$= \frac{1}{15} \times \frac{7}{8} + \frac{7}{15} \times \frac{6}{8} + \frac{7}{15} \times \frac{5}{8} = \frac{7}{10}.$$

61.【大纲考点】全概率公式、贝叶斯(Bayes)公式.

【解题思路】由题意,假设玻璃杯箱含残次品的情况共分三种:分别含有 0,1,2 只残次品,顾客购买时,售货员任取的那一箱,可以是这 3 箱中的任意一箱,而顾客是在售货员取的这一箱中检查.顾客是否买下,与其属于哪一类有关.这类问题的概率计算一般要用全概率公式.

【答案解析】设 A 表示"顾客买下所查看的一箱",B_i 表示"售货员取的箱中恰好有 i 件残次品",其中 $i=0,1,2$. 显然 B_0, B_1, B_2 构成一个完备事件组,且

$$P(B_0) = 0.8, \qquad P(B_1) = 0.1$$

$$P(B_2) = 0.1, \qquad P(A\mid B_0) = 1$$

$$P(A\mid B_1) = \frac{C_{19}^4}{C_{20}^4} = \frac{4}{5}, \qquad P(A\mid B_2) = \frac{C_{18}^4}{C_{20}^4} = \frac{2}{19}$$

(1)由全概率公式知所求概率为

$$P(A) = \sum_{i=0}^{2} P(B_i) P(A \mid B_i) = 0.8 \times 1 + 0.1 \times \frac{4}{5} + 0.1 \times \frac{12}{13} = \frac{448}{475}$$

（2）由贝叶斯公式知所求概率为

$$P(B_0 \mid A) = \frac{P(B_0) P(A \mid B_0)}{P(A)} = \frac{95}{112}$$

62.【大纲考点】 全概率公式、贝叶斯公式.

【解题思路】 根据全概率公式及贝叶斯公式计算.

【答案解析】 设事件 A 表示"天下雨"，B 表示"预报下雨"，C 表示"此人带伞". 由已知条件，有

$$P(A) = P(\overline{A}) = \frac{1}{2}, \qquad P(C \mid AB) = P(C \mid \overline{A}B) = 1$$

$$P(C \mid A\overline{B}) = P(C \mid \overline{A}\,\overline{B}) = \frac{1}{2}, \qquad P(B \mid A) = P(\overline{B} \mid \overline{A}) = \frac{9}{10}$$

$$P(\overline{B} \mid A) = P(B \mid \overline{A}) = \frac{1}{10}$$

由全概率公式，得

$$P(C \mid A) = P(B \mid A) P(C \mid AB) + P(\overline{B} \mid A) P(C \mid A\overline{B})$$

$$= \frac{9}{10} \times 1 + \frac{1}{10} \times \frac{1}{2} = \frac{19}{20}$$

$$P(C \mid \overline{A}) = P(B \mid \overline{A}) P(C \mid \overline{A}B) + P(\overline{B} \mid \overline{A}) P(C \mid \overline{A}\,\overline{B})$$

$$= \frac{1}{10} \times 1 + \frac{9}{10} \times \frac{1}{2} = \frac{11}{20}$$

再由贝叶斯公式得，所求概率依次为

$$P(A \mid \overline{C}) = \frac{P(A) P(\overline{C} \mid A)}{P(A) P(\overline{C} \mid A) + P(\overline{A}) P(\overline{C} \mid \overline{A})}$$

$$= \frac{\frac{1}{2} \times \frac{1}{20}}{\frac{1}{2} \times \frac{1}{20} + \frac{1}{2} \times \frac{9}{20}} = \frac{1}{10}$$

$$P(\overline{A} \mid C) = \frac{P(\overline{A}) P(C \mid \overline{A})}{P(\overline{A}) P(C \mid \overline{A}) + P(A) P(C \mid A)}$$

$$= \frac{\frac{1}{2} \times \frac{11}{20}}{\frac{1}{2} \times \frac{11}{20} + \frac{1}{2} \times \frac{19}{20}} = \frac{11}{30}$$

63.【大纲考点】 全概率公式、贝叶斯公式.

【解题思路】 利用全概率公式及贝叶斯公式计算.

【答案解析】 设事件 A_i 表示"任挑一箱是第 i 类箱"，B_i 表示"第 i 次取到的零件是一等品"，其中 $i = 1, 2$. 因为"第一次取到的零件是一等品"：此一等品可能是第一箱的零件，也可能是第二箱的零

件,因此 A_1,A_2 是 B_1 发生的原因,故 A_1,A_2 是样本空间 S 的一个划分,且 $P(A_1)=P(A_2)=\dfrac{1}{2}$.

由题设,有

$$P(B_1\mid A_1)=\dfrac{C_{10}^1}{C_{50}^1}=\dfrac{1}{5},P(B_1\mid A_2)=\dfrac{C_{18}^1}{C_{30}^1}=\dfrac{3}{5}$$

(1) 由全概率公式得,第一次取得的零件是一等品的概率为

$$P(B_1)=P(A_1)\cdot P(B_1\mid A_1)+P(A_2)\cdot P(B_1\mid A_2)$$
$$=\dfrac{1}{2}\times\dfrac{1}{5}+\dfrac{1}{2}\times\dfrac{3}{5}=\dfrac{2}{5}$$

(2) 由条件概率及全概率公式,有

$$P(B_2\mid B_1)=\dfrac{P(B_1B_2)}{P(B_1)}=\dfrac{P(A_1)P(B_1B_2\mid A_1)+P(A_2)P(B_1B_2\mid A_2)}{P(B_1)}$$
$$=\dfrac{5}{2}\left[\dfrac{1}{2}\times\dfrac{C_{10}^2}{C_{50}^2}+\dfrac{1}{2}\times\dfrac{C_{18}^2}{C_{30}^2}\right]=\dfrac{690}{1\,241}$$

64.【大纲考点】事件独立性、概率的基本性质.

【解题思路】注意到"有机床需要工人照管"就是"至少有一部机床需要工人照管","因无人照管而停工"等价于"在该段时间内至少有两部机床同时需要工人照管".

【答案解析】设事件 A,B,C 分别表示在这段时间内机床甲、乙、丙不需要工人照管.有机床需要工人照管也就是至少有一部机床需要工人照管,另外应注意到 3 部机床由一名工人照管,即因无人照管而停工等价于在该段时间内至少有两部机床同时需要工人照管.又已知,A,B,C 相互独立,且

$$P(A)=0.9,P(B)=0.8,P(C)=0.85$$

则有机床需要工人照管的概率为

$$P(\overline{A}\cup\overline{B}\cup\overline{C})=1-P(ABC)=1-P(A)P(B)P(C)=0.388$$

因无人照管而停工的概率为

$$P(\overline{A}\,\overline{B}\cup\overline{B}\,\overline{C}\cup\overline{C}\,\overline{A})=P(\overline{A}\,\overline{B})+P(\overline{B}\,\overline{C})+P(\overline{C}\,\overline{A})-2P(\overline{A}\,\overline{B}\,\overline{C})=0.059,$$

恰有一部机床需要工人照管的概率为

$$P(AB\overline{C}\cup A\overline{B}C\cup\overline{A}BC)=P(AB\overline{C})+P(A\overline{B}C)+P(\overline{A}BC)$$
$$=P(A)P(B)P(\overline{C})+P(A)P(\overline{B})P(C)+P(\overline{A})P(B)P(C)$$
$$=0.9\times0.8\times0.15+0.9\times0.2\times0.85+0.1\times0.8\times0.85=0.329$$

65.【大纲考点】概率的基本性质、事件的独立性.

【解题思路】"这个学生至少有一次面试机会"的对立事件就是"这个学生没有一次面试机会".另外,在事件独立的前提下,尽可能将和事件概率的计算问题转化为积事件概率的计算.

【答案解析】设 A_i 表示事件"第 i 个单位通知她去面试"$(i=1,2,3,4)$,则

$$P(A_1)=\dfrac{1}{2},P(A_2)=\dfrac{1}{3},P(A_3)=\dfrac{1}{4},P(A_4)=\dfrac{1}{5}$$

根据题意,所求概率为

$$P(A_1 \cup A_2 \cup A_3 \cup A_4) = 1 - P(\overline{A_1 \cup A_2 \cup A_3 \cup A_4}) = 1 - P(\overline{A}_1 \overline{A}_2 \overline{A}_3 \overline{A}_4)$$
$$= 1 - P(\overline{A}_1)P(\overline{A}_2)P(\overline{A}_3)P(\overline{A}_4)$$
$$= 1 - [1 - P(A_1)][1 - P(A_2)][1 - P(A_3)][1 - P(A_4)]$$
$$= 1 - \frac{1}{2} \times \frac{2}{3} \times \frac{3}{4} \times \frac{4}{5} = \frac{4}{5}$$

66.【大纲考点】事件独立性、条件概率.

【解题思路】要证事件 A 和 B 相互独立,只要证 $P(AB) = P(A)P(B)$.

【答案解析】由于 $P(\overline{A} \mid \overline{B}) = 1 - P(A \mid \overline{B})$,由已知条件,有

$$P(A \mid B) + P(\overline{A} \mid \overline{B}) = P(A \mid B) + 1 - P(A \mid \overline{B}) = 1$$

即 $P(A \mid B) = P(A \mid \overline{B})$. 又因为

$$A = AS = A(B + \overline{B}) = AB + A\overline{B}$$

且 $0 < P(A) < 1, 0 < P(B) < 1$,得

$$P(A) = P(AB) + P(A\overline{B}) = P(B)P(A \mid B) + P(\overline{B})P(A \mid \overline{B})$$
$$= P(B)P(A \mid B) + P(\overline{B})P(A \mid B)$$
$$= P(A \mid B)[P(B) + P(\overline{B})] = P(A \mid B)$$

故 $\quad P(AB) = P(B)P(A \mid B) = P(A)P(B)$

即事件 A 和 B 相互独立.

第二章 随机变量及其分布

一、选择题

1.【大纲考点】 分布函数的概念及性质.

【解题思路】根据分布函数的性质 $\lim\limits_{x\to+\infty}F(x)=1$ 进行推演.

【答案解析】应选(A).

欲使 $F(x)$ 为分布函数,则 $\lim\limits_{x\to+\infty}F(x)=1$,即 $\lim\limits_{x\to+\infty}[aF_1(x)-bF_2(x)]=a-b=1$,逐项演算,只有(A)满足条件.

2.【大纲考点】 分布函数的概念及性质.

【解题思路】分布函数在一点处连续的性质.

【答案解析】应选(B).

根据分布函数的性质,得

$$P\{x_1<X<x_2\}=P\{x_1<X\leqslant x_2\}-P\{X=x_2\}=F(x_2)-F(x_1)-P\{X=x_2\}$$

再由已知条件 $P\{x_1<X<x_2\}=F(x_2)-F(x_1)$,可得 $P\{X=x_2\}=0$,即

$$F(x_2)-F(x_2-0)=0$$

因此,$F(x)$ 在 x_2 处左连续,又 $F(x)$ 在 x_2 处右连续,故 $F(x)$ 在 x_2 处连续.

3.【大纲考点】 计算与随机变量相联系的事件的概率、概念密度的性质.

【解题思路】根据分布函数的定义及概率密度的性质进行解答.

【答案解析】应选(B).

由 $f(-x)=f(x)$ 知,$f(x)$ 为偶函数,则

$$\int_{-\infty}^{0}f(x)\mathrm{d}x=\int_{0}^{+\infty}f(x)\mathrm{d}x=\frac{1}{2}$$

$$\int_{0}^{-a}f(x)\mathrm{d}x\xrightarrow{x=-t}\int_{0}^{a}f(-t)\mathrm{d}t=-\int_{0}^{a}f(t)\mathrm{d}t=-\int_{0}^{a}f(x)\mathrm{d}x$$

故

$$F(-a)=\int_{-\infty}^{-a}f(x)\mathrm{d}x=\int_{-\infty}^{0}f(x)\mathrm{d}x+\int_{0}^{-a}f(x)\mathrm{d}x=\frac{1}{2}-\int_{0}^{a}f(x)\mathrm{d}x$$

4.【大纲考点】 分布函数的性质.

【解题思路】根据分布函数的性质 $P\{X=a\}=F(a)-F(a-0)$ 进行解答.

【答案解析】应选(C).

由分布函数的性质,得

$$P\{X=1\}=P\{X\leqslant 1\}-P\{X<1\}=F(1)-F(1-0)=(1-\mathrm{e}^{-1})-\frac{1}{2}=\frac{1}{2}-\mathrm{e}^{-1}$$

5.【大纲考点】 离散型随机变量及其概率分布的概念.

【解题思路】根据分布律的性质 $\sum\limits_{k=1}^{+\infty}p_k=1$ 进行解答.

【答案解析】应选(B).

由于 $$\sum_{k=1}^{+\infty} p_k = \sum_{k=1}^{+\infty} \frac{b}{k(k+1)} = b\sum_{k=1}^{+\infty}\left[\frac{1}{k} - \frac{1}{k+1}\right] = b$$

根据分布律的性质 $\sum_{k=1}^{+\infty} p_k = 1$，得 $b = 1$.

6. **【大纲考点】**概率密度的性质.

   【解题思路】利用概率密度的性质：$\int_{-\infty}^{+\infty} f(x)\,dx = 1$.

   【答案解析】应选(A).

   根据已知条件，得

   $$\int_{-\infty}^{+\infty} f(x)\,dx = \int_{-\infty}^{0} af_1(x)\,dx + \int_{0}^{+\infty} bf_2(x)\,dx = \frac{a}{2}\int_{-\infty}^{+\infty}\frac{1}{\sqrt{2\pi}}e^{-\frac{x^2}{2}}\,dx + b\int_{0}^{3}\frac{1}{4}\,dx = \frac{a}{2} + \frac{3b}{4}$$

   其中 $f_1(x) = \frac{1}{\sqrt{2\pi}}e^{-\frac{x^2}{2}}$, $f_2(x) = \begin{cases} \frac{1}{4}, & -1 \leqslant x \leqslant 3 \\ 0, & 其他 \end{cases}$，再由概率密度的性质 $\int_{-\infty}^{+\infty} f(x)\,dx = 1$，得

   $\frac{a}{2} + \frac{3b}{4} = 1$，即 $2a + 3b = 4$.

7. **【大纲考点】**概率密度的性质、计算与随机变量相联系的事件的概率.

   【解题思路】根据概率密度的性质及已知条件，建立关于 a, b 应满足的方程组.

   【答案解析】应选(A).

   由于随机变量 X 是连续型随机变量，则

   $$P\left\{X < \frac{1}{3}\right\} = 1 - P\left\{X \geqslant \frac{1}{3}\right\} = 1 - P\left\{X > \frac{1}{3}\right\}$$

   那么由已知条件可得 $P\left\{X < \frac{1}{3}\right\} = \frac{1}{2}$. 又

   $$P\left\{X < \frac{1}{3}\right\} = \int_{-\infty}^{\frac{1}{3}} f(x)\,dx = \int_{0}^{\frac{1}{3}} (ax + b)\,dx = \frac{1}{18}a + \frac{1}{3}b$$

   从而 $\frac{1}{18}a + \frac{1}{3}b = \frac{1}{2}$

   又因为 $$\int_{-\infty}^{+\infty} f(x)\,dx = \int_{0}^{1} (ax + b)\,dx = \frac{1}{2}a + b$$

   根据概率密度的性质 $\int_{-\infty}^{+\infty} f(x)\,dx = 1$，得 $\frac{1}{2}a + b = 1$. 于是可解得 $a = -\frac{3}{2}, b = \frac{7}{4}$.

8. **【大纲考点】**泊松(Poisson)分布.

   【解题思路】由等式 $P\{X=2\} = P\{X=3\}$ 解出泊松分布中的 λ，再解出 $P\{X=4\}$.

   【答案解析】应选(B).

   根据已知条件随机变量 X 的分布律为 $P\{X=k\} = \frac{\lambda^k}{k!}e^{-\lambda}$，又 $P\{X=2\} = P\{X=3\}$，即

$\dfrac{\lambda^2}{2!}e^{-\lambda}=\dfrac{\lambda^3}{3!}e^{-\lambda}$,从而 $\lambda=3$.因此,$P\{X=4\}=\dfrac{\lambda^4}{4!}e^{-\lambda}=\dfrac{81}{24}e^{-3}=\dfrac{27}{8}e^{-3}$.

9.【大纲考点】正态分布.

【解题思路】根据一般正态分布 $N(\mu,\sigma^2)$ 与标准正态分布 $N(0,1)$ 的关系进行解答.

【答案解析】应选(A).

因为 $p_1=P\{X\leqslant \mu-4\}=P\left\{\dfrac{X-\mu}{4}\leqslant -1\right\}=\Phi(-1)$

$p_2=P\left\{\dfrac{Y-\mu}{5}\geqslant 1\right\}=1-P\left\{\dfrac{Y-\mu}{5}<1\right\}=1-\Phi(1)=\Phi(-1)$

所以 $p_1=p_2$.

10.【大纲考点】正态分布.

【解题思路】根据一般正态分布 $N(\mu,\sigma^2)$ 与标准正态分布 $N(0,1)$ 的关系,注意到随机变量函数的单调不减性.

【答案解析】应选(C).

因为 $P\{|X-\mu|<\sigma\}=P\left\{\left|\dfrac{X-\mu}{\sigma}\right|<1\right\}=\Phi(1)-\Phi(-1)=2\Phi(1)-1$

所以 $P\{|X-\mu|<\sigma\}$ 是常数.

11.【大纲考点】正态分布.

【解题思路】由于 X 与 Y 的分布不同,不能直接由 $P\{|X-\mu_1|>1\}>P\{|Y-\mu_2|<1\}$ 判断参数的大小关系,必须将它们化为标准正态分布.

【答案解析】应选(A).

由于

$P\{|X-\mu_1|>1\}=P\left\{\left|\dfrac{X-\mu_1}{\sigma_1}\right|>\dfrac{1}{\sigma_1}\right\}=1-P\left\{\left|\dfrac{X-\mu_1}{\sigma_1}\right|\leqslant \dfrac{1}{\sigma_1}\right\}=2\Phi\left(\dfrac{1}{\sigma_1}\right)-1$

$P\{|Y-\mu_2|<1\}=P\left\{\left|\dfrac{Y-\mu_2}{\sigma_2}\right|<\dfrac{1}{\sigma_2}\right\}=2\Phi\left(\dfrac{1}{\sigma_2}\right)-1$

又因为 $\Phi(x)$ 是单调递增函数,当 $P\{|X-\mu_1|>1\}>P\{|X-\mu_2|<1\}$ 时,$2\Phi\left(\dfrac{1}{\sigma_1}\right)-1>2\Phi\left(\dfrac{1}{\sigma_2}\right)-1$,即 $\Phi\left(\dfrac{1}{\sigma_1}\right)>\Phi\left(\dfrac{1}{\sigma_2}\right)$,所以 $\dfrac{1}{\sigma_1}>\dfrac{1}{\sigma_2}$,即 $\sigma_1<\sigma_2$.

12.【大纲考点】正态分布.

【解题思路】根据标准正态分布的上 α 分位点进行解答.

【答案解析】应选(C).

根据标准正态分布概率密度的性质及对称性可得

$P\{|X|<x\}=2\Phi(x)-1=2P\{X\leqslant x\}-1=2[1-P\{X>x\}]-1$
$=1-2P\{X>x\}$

再由已知条件可得,即 $P\{X>x\}=\dfrac{1-\alpha}{2}$,又 $0<\alpha<1$,故 $x=u_{(1-\alpha)/2}$.

13.【大纲考点】正态分布.

【解题思路】把所涉及的概率都用标准正态分布的分函数表示.

【答案解析】应选(A).

若 $X\sim N(\mu,\sigma^2)$,则 $\dfrac{X-\mu}{\sigma}\sim N(0,1)$,故得

$$p_1=2\Phi(2)-1, p_2=P\{-2\leqslant X_2\leqslant 2\}=P\left\{-1\leqslant \dfrac{X_2}{2}\leqslant 1\right\}=2\Phi(1)-1$$

$$p_3=P\{-2\leqslant X_3\leqslant 2\}=P\left\{\dfrac{-2-5}{3}\leqslant \dfrac{X_3-5}{3}\leqslant \dfrac{2-5}{3}\right\}=\Phi(-1)-\Phi\left(-\dfrac{7}{3}\right)=\Phi\left(\dfrac{7}{3}\right)-\Phi(1)$$

$$p_3-p_2=1+\Phi\left(\dfrac{7}{3}\right)-3\Phi(1)<2-3\Phi(1)<0$$

14.【大纲考点】随机变量函数的分布.

【解题思路】先用随机变量 X 的分布函数表示随机变量 Y 的分布函数,而后再求导数.

【答案解析】应选(B).

由于 $F_Y(y)=P\{Y\leqslant y\}=P\{2X\leqslant y\}=P\left\{X\leqslant \dfrac{y}{2}\right\}=F_X\left(\dfrac{y}{2}\right)$

故 $f_Y(y)=F'_Y(y)=f_X\left(\dfrac{y}{2}\right)\cdot\dfrac{1}{2}=\dfrac{2}{\pi(4+x^2)}$

15.【大纲考点】指数分布、随机变量函数的分布.

【解题思路】明确随机变量 Y 的取值范围,根据分布函数的定义分别就 $y\leqslant 0, 0<y<2$ 和 $y\geqslant 2$ 进行讨论.

【答案解析】应选(D).

根据分布函数的定义可得

$$F_Y(y)=P\{Y\leqslant y\}=P\{\min\{X,2\}\leqslant y\}$$

当 $y<2$ 时,有

$$F_Y(y)=P\{X\leqslant y\}=\begin{cases}1-e^{-\lambda y}, & 0<y<2\\ 0, & y\leqslant 0\end{cases}$$

当 $y\geqslant 2$ 时,若 $X\geqslant 2$,则 $Y=\min\{X,2\}=2$;若 $X<2$,则 $Y=\min\{X,2\}=X<2\leqslant y$. 无论哪种情形,有

$$F_Y(y)=P\{\min\{X,2\}\leqslant y\}=1$$

综上所述,随机变量 $Y=\min\{X,2\}$ 的分布函数为

$$F_Y(y)=\begin{cases}0, & y\leqslant 0\\ 1-e^{-\lambda y}, & 0<y<2\\ 1, & y\geqslant 2\end{cases}$$

故 $y=2$ 仅是 $F_Y(y)$ 的间断点.

二、填空题

16.【大纲考点】分布函数的概念及性质.

【解题思路】根据分布函数的性质 $P\{X=a\}=F(a)-F(a-0)$ 进行解答.

【答案解析】应填 $\dfrac{2}{3}-e^{-1}$.

由分布函数的性质 $P\{X=x\}=F(x)-F(x-0)$,得

$$P\{X=1\}=F(1)-F(1-0)=1-e^{-1}-\dfrac{1}{3}=\dfrac{2}{3}-e^{-1}$$

17.【大纲考点】概率密度的性质.

【解题思路】根据概率密度 $\int_{-\infty}^{+\infty}f(x)\mathrm{d}x=1$ 计算.

【答案解析】应填 1.

由于 $\int_{-\infty}^{+\infty}f(x)\mathrm{d}x=\int_{-\infty}^{0}f(x)\mathrm{d}x+\int_{0}^{A}f(x)\mathrm{d}x+\int_{A}^{+\infty}f(x)\mathrm{d}x=\int_{0}^{A}2x\mathrm{d}x=A^2$

根据概率密度的性质 $\int_{-\infty}^{+\infty}f(x)\mathrm{d}x=1$,得 $A^2=1$,则 $A=1$ 或 $A=-1$(舍).

18.【大纲考点】概率密度的概念.

【解题思路】根据概率密度的性质 $\int_{-\infty}^{+\infty}f(x)\mathrm{d}x=1$ 计算.

【答案解析】应填 5.

由于 $\int_{-\infty}^{+\infty}f(x)\mathrm{d}x=\int_{-\infty}^{0}f(x)\mathrm{d}x+\int_{0}^{1}f(x)\mathrm{d}x+\int_{1}^{+\infty}f(x)\mathrm{d}x=\int_{0}^{1}cx^4\mathrm{d}x=\dfrac{c}{5}$

根据密度函数的性质 $\int_{-\infty}^{+\infty}f(x)\mathrm{d}x=1$,得 $\dfrac{c}{5}=1$,即 $c=5$.

19.【大纲考点】概率密度的概念.

【解题思路】根据概率密度的性质 $\int_{-\infty}^{+\infty}f(x)\mathrm{d}x=1$ 计算.

【答案解析】应填 $\dfrac{1}{2}$.

由于 $\int_{-\infty}^{+\infty}f(x)\mathrm{d}x=\int_{-\infty}^{0}f(x)\mathrm{d}x+\int_{0}^{2}f(x)\mathrm{d}x+\int_{2}^{+\infty}f(x)\mathrm{d}x=\int_{0}^{2}Ax\mathrm{d}x=2A$

根据概率密度的性质 $\int_{-\infty}^{+\infty}f(x)\mathrm{d}x=1$,得 $2A=1$,则 $A=\dfrac{1}{2}$.

20.【大纲考点】连续型随机变量的概率密度.

【解题思路】先根据已知条件确定位未知参数 k,再根据概率密度确定 k 的取值范围.

【答案解析】应填 $1\leqslant k\leqslant 3$.

由 $P\{X\geqslant k\}=\dfrac{2}{3}$,得 $P\{X<k\}=\dfrac{1}{3}$.

又当 $k<0$ 时,有

$$\int_{-\infty}^{k} f(x)\,\mathrm{d}x = \int_{-\infty}^{k} f(x)\,\mathrm{d}x = 0$$

当 $0 \leqslant k < 1$ 时,有

$$\int_{-\infty}^{k} f(x)\,\mathrm{d}x = \int_{-\infty}^{0} f(x)\,\mathrm{d}x + \int_{0}^{k} f(x)\,\mathrm{d}x = \frac{k}{3}$$

当 $1 \leqslant k < 3$ 时,有

$$\int_{-\infty}^{k} f(x)\,\mathrm{d}x = \int_{-\infty}^{0} f(x)\,\mathrm{d}x + \int_{0}^{1} f(x)\,\mathrm{d}x + \int_{1}^{k} f(x)\,\mathrm{d}x = \frac{1}{3}$$

当 $3 < k \leqslant 6$ 时,有

$$\int_{-\infty}^{k} f(x)\,\mathrm{d}x = \int_{-\infty}^{0} f(x)\,\mathrm{d}x + \int_{0}^{1} f(x)\,\mathrm{d}x + \int_{1}^{3} f(x)\,\mathrm{d}x + \int_{3}^{k} f(x)\,\mathrm{d}x = \frac{1}{3} + \frac{2(k-3)}{9}$$

当 $k > 6$ 时,有

$$\int_{-\infty}^{k} f(x)\,\mathrm{d}x = \int_{-\infty}^{0} f(x)\,\mathrm{d}x + \int_{0}^{1} f(x)\,\mathrm{d}x + \int_{1}^{3} f(x)\,\mathrm{d}x + \int_{3}^{6} f(x)\,\mathrm{d}x + \int_{6}^{k} f(x)\,\mathrm{d}x = 1$$

21.【大纲考点】均匀分布.

【解题思路】利用方程有实根的充要条件,先找出随机变量的取值范围,再计算概率.

【答案解析】应填 $\frac{4}{5}$.

由方程 $x^2 + Xx + 1 = 0$ 有实根,可知 $X^2 - 4 \geqslant 0$,即 $|X| \geqslant 2$. 由 X 在区间 $(1,6)$ 上服从均匀分布,可知其概率密度为

$$f(x) = \begin{cases} \dfrac{1}{5}, & 1 \leqslant x \leqslant 6 \\ 0, & \text{其他} \end{cases}$$

因此

$$P\{|X| \geqslant 2\} = 1 - P\{|X| < 2\} = 1 - \int_{-2}^{2} f(x)\,\mathrm{d}x$$

$$= 1 - \int_{-2}^{1} f(x)\,\mathrm{d}x - \int_{1}^{2} f(x)\,\mathrm{d}x$$

$$= 1 - \int_{-2}^{1} 0\,\mathrm{d}x - \int_{1}^{2} \frac{1}{5}\,\mathrm{d}x = 1 - \frac{1}{5} = \frac{4}{5}$$

22.【大纲考点】二项分布.

【解题思路】根据已知条件及二项分布建立等式,先解出参数 p.

【答案解析】应填 $\dfrac{19}{27}$.

由于 X 服从 $B(2,p)$,则 $P\{X = k\} = C_2^k p^k (1-p)^{2-k}$,又由已知条件,有

$$P\{X \geqslant 1\} = 1 - P\{X = 0\} = 1 - (1-p)^2 = \frac{5}{9}$$

由上式可得 $p = \dfrac{1}{3}$,再由已知条件 Y 服从 $B\left(3, \dfrac{1}{3}\right)$,故

$$P\{Y \geqslant 1\} = 1 - P\{Y = 0\} = 1 - (1-p)^3 = \frac{19}{27}$$

23.【大纲考点】正态分布.

【解题思路】正态随机变量 X 的线性变换 $\dfrac{X-\mu}{\sigma}$ 服从标准正态分布,熟悉这一性质,对于解题非常有帮助.

【答案解析】应填 0.2.

由题设,有

$$P\{2 < X < 4\} = P\left\{\frac{2-2}{\sigma} < \frac{X-2}{\sigma} < \frac{4-2}{\sigma}\right\} = \Phi\left(\frac{2}{\sigma}\right) - \Phi(0) = 0.3$$

得

$$\Phi\left(\frac{2}{\sigma}\right) = \Phi(0) + 0.3 = 0.5 + 0.3 = 0.8$$

故

$$P\{X < 0\} = P\left\{\frac{X-2}{\sigma} < \frac{0-2}{\sigma}\right\} = \Phi\left(-\frac{2}{\sigma}\right) = 1 - \Phi\left(\frac{2}{\sigma}\right) = 0.2$$

24.【大纲考点】正态分布.

【解题思路】根据二次方程无实根的条件确定 X 的范围.

【答案解析】应填 4.

二次方程 $y^2 + 4y + X = 0$ 无实根的充分必要条件是 $\Delta = 4^2 - 4X < 0$,即 $X > 4$. 从而无实根的概率为

$$P = P\{X > 4\} = P\left\{\frac{X-\mu}{\sigma} > \frac{4-\mu}{\sigma}\right\} = 1 - \Phi\left(\frac{4-\mu}{\sigma}\right)$$

再由已知条件得 $1 - \Phi\left(\dfrac{4-\mu}{\sigma}\right) = \dfrac{1}{2}$,即 $\Phi\left(\dfrac{4-\mu}{\sigma}\right) = \dfrac{1}{2}$,故得 $\dfrac{4-\mu}{\sigma} = 0$,即 $\mu = 4$.

三、解答题

25.【大纲考点】分布函数的概念及性质.

【解题思路】根据分布函数的性质计算.

【答案解析】(1) 由分布函数的性质,得

$$F(+\infty) = \lim_{x \to +\infty} F(x) = d = 1$$
$$F(-\infty) = \lim_{x \to -\infty} F(x) = a = 0$$
$$F(1) = \lim_{x \to 1+0} F(x) = \lim_{x \to 1+0} d = d$$
$$F(0) = \lim_{x \to 0+0} F(x) = \lim_{x \to 0+0} (bx^2 + c) = c$$

即

$$a = 0, d = 1, b + c = d, c = a$$

故可求得 $a = c = 0, b = d = 1$.

(2) $P\{0.3 < X \leqslant 0.7\} = F(0.7) - F(0.3) = 0.7^2 - 0.3^2 = 0.4$

26.【大纲考点】随机变量分布函数的概念.

【解题思路】先求出当 $-1 < x < 1$ 时,事件 $\{-1 < X < x\}$ 的概率是解答本题的关键. 本题中

的随机变量既不是离散型,也不是连续型,属于非离散型随机变量,似乎超出了教材范围.但只要理解分布函数的定义,也不难求解.

【答案解析】当 $x<-1$ 时,由于 X 的绝对值不大于 1,所以 $F(x)=P\{X\leqslant x\}=0$;

当 $-1<x<1$ 时,由 X 的绝对值不大于 1,则

$$P\{|X|\leqslant 1\}=P\{X=-1\}+P\{-1<X<1\}+P\{X=1\}=1$$

又因为 $P\{X=-1\}=\dfrac{1}{8}$, $P\{X=1\}=\dfrac{1}{4}$,所以 $P\{-1<X<1\}=\dfrac{5}{8}$.

另据已知条件,若 $-1<a<b<1$,则

$$P\{a<X<b\mid -1<X<1\}=k(b-a)$$

显然,$a=-1,b=1$ 时,$P\{a<X<b\mid -1<X<1\}=1$,所以 $k=\dfrac{1}{2}$.从而

$$P\{-1<X<x\mid -1<X<1\}=\dfrac{x+1}{2}$$

注意到,对于 $-1<x<1$,有 $(-1,x)\subset(-1,1)$,因此

$$\begin{aligned}P\{-1<X<x\}&=P\{-1<X<x,-1<X<1\}\\&=P\{-1<X<1\}\cdot P\{-1<X<x\mid -1<X<1\}\\&=\dfrac{5}{8}\cdot\dfrac{x+1}{2}=\dfrac{5}{16}(x+1)\end{aligned}$$

于是,当 $-1\leqslant x<1$ 时,有

$$\begin{aligned}F(x)=P\{X\leqslant x\}&=P\{X\leqslant -1\}+P\{-1<X\leqslant x\}\\&=P\{X=-1\}+P\{-1<X\leqslant x\}\\&=\dfrac{1}{8}+\dfrac{5}{16}(x+1)=\dfrac{5x+7}{16}\end{aligned}$$

当 $x\geqslant 1$ 时,$F(x)=P\{X\leqslant x\}=1$.

故得所求分布函数为

$$F(x)=\begin{cases}0, & x<-1\\ \dfrac{5x+7}{16}, & -1\leqslant x<1\\ 1, & x\geqslant 1\end{cases}$$

【名师评注】本题中随机变量既不是离散型随机变量,也不是连续型随机变量,其概率分布只能通过分布函数的定义来计算.

27.【大纲考点】离散型随机变量的概率分布.

【解题思路】先确定随机变量 X 的所有可能取值,再求每个取值所对应的概率.

【答案解析】由题意,随机变量 X 的所有可能取值为 $0,1,2,4$.设 X_1,X_2 分别表示两次抽取的号码数,则

$$P\{X=0\}=P\{X_1=0\bigcup X_2=0\}=P\{X_1=0\}+P\{X_2=0\}-P\{X_1=0\}P\{X_2=0\}$$

$$= \frac{1}{4} + \frac{1}{4} - \frac{1}{2} \times \frac{1}{2} = \frac{7}{16}$$

$$P\{X=1\} = P\{X_1=1, X_2=1\} = P\{X_1=1\}P\{X_2=1\} = \frac{2}{4} \times \frac{2}{4} = \frac{1}{2}$$

$$P\{X=2\} = P\{(X_1=1, X_2=2) \cup (X_1=2, X_2=1)\}$$

$$= P\{X_1=1\}P\{X_2=2\} + P\{X_1=2\}P\{X_2=1\} = \frac{2}{4} \times \frac{1}{2} + \frac{1}{2} \times \frac{2}{4} = \frac{1}{4}$$

$$P\{X=4\} = P\{X_1=2, X_2=2\} = P\{X_1=2\}P\{X_2=2\} = \frac{1}{4} \times \frac{1}{4} = \frac{1}{16}$$

故得所求分布律为

X	0	1	2	4
P	$\frac{7}{16}$	$\frac{1}{4}$	$\frac{1}{4}$	$\frac{1}{16}$

28.【大纲考点】离散型随机变量的概率分布.

【解题思路】求离散型随机变量的分布律,先分析随机变量的所有可能取值,而后计算每个取值对应的概率,进而得到其分布律.

【答案解析】由题意,随机变量 X 的所有可能取值为 $0,1,2$. 在 6 件产品中任取 3 件共有 C_6^3 种取法,从而

$$P\{X=0\} = \frac{C_4^3}{C_6^3} = \frac{1}{5}, P\{X=1\} = \frac{C_2^1 C_4^2}{C_6^3} = \frac{3}{5}, P\{X=2\} = \frac{C_2^2 C_4^1}{C_6^3} = \frac{1}{5}$$

故得 X 的分布律为

X	0	1	2
P	$\frac{1}{5}$	$\frac{3}{5}$	$\frac{1}{5}$

当 $x<0$ 时,$F(x) = P\{X \leqslant x\} = 0$;

当 $0 \leqslant x < 1$ 时,

$$F(x) = P\{X \leqslant x\} = P\{X<0\} + P\{X=0\} + P\{0<X \leqslant x\}$$

又由已知 $P\{X<0\} = P\{0<X \leqslant x\} = 0$,得

$$F(x) = P\{X=0\} = \frac{1}{5}$$

当 $1 \leqslant x < 2$ 时,$F(x) = P\{X \leqslant x\} = P\{X=0\} + P\{X=1\} = \frac{4}{5}$;

当 $x \geqslant 2$ 时,$F(x) = P\{X \leqslant x\} = P\{X=0\} + P\{X=1\} + P\{X=2\} = 1$.

综上所述,故得随机变量 X 的分布函数为

$$F(x) = \begin{cases} 0, & x < 0 \\ \dfrac{1}{5}, & 0 \leqslant x < 1 \\ \dfrac{4}{5}, & 1 \leqslant x < 2 \\ 1, & x \geqslant 2 \end{cases}$$

29.【大纲考点】离散型随机变量的概率分布.

【解题思路】利用分布函数求离散型随机变量的分布律时,使用公式 $P\{X=a\}=F(a)-F(a-0)$ 是解决问题的关键.

【答案解析】由题意,随机变量 X 的所有可能取值为 $-1,1,3$.且

$$P\{X=-1\} = F(-1) - F(-1-0) = 0.4 - 0 = 0.4$$
$$P\{X=1\} = F(1) - F(1-0) = 0.8 - 0.4 = 0.4$$
$$P\{X=3\} = F(3) - F(3-0) = 1 - 0.8 = 0.2$$

得 X 的概率分布为

X	-1	1	3
P	0.4	0.4	0.2

30.【大纲考点】离散型随机变量及其概率分布的概念.

【解题思路】求离散型随机变量的分布函数情况较为简单.一般地,可先计算它的分布律,然后求其分布函数.

【答案解析】从题意可知,X 的取值只能是 $1,2,3$,由已知条件容易计算:

$$P\{X=1\} = \frac{8}{10} = \frac{4}{5},\ P\{X=2\} = \frac{2 \times 8}{10 \times 9} = \frac{8}{45},\ P\{X=3\} = \frac{2 \times 1 \times 8}{10 \times 9 \times 8} = \frac{1}{45}$$

由分布函数的定义:$F(x) = P\{X \leqslant x\}$.

当 $x < 1$ 时,$F(x) = P\{X \leqslant x\} = P(\varnothing) = 0$;

当 $1 \leqslant x < 2$ 时,$F(x) = P\{X \leqslant x\} = P\{X=1\} = \dfrac{4}{5}$;

当 $2 \leqslant x < 3$ 时,$F(x) = P\{X \leqslant x\} = P\{X=1\} + P\{X=2\} = \dfrac{44}{45}$;

当 $3 \leqslant x$ 时,$F(x) = P\{X \leqslant x\} = P\{X=1\} + P\{X=2\} + P\{X=3\} = 1$.

故所求分布函数为

$$F(x) = \sum_{k \leqslant x} P\{X=k\} = \begin{cases} 0, & x < 1 \\ \dfrac{4}{5}, & 1 \leqslant x < 2 \\ \dfrac{44}{45}, & 2 \leqslant x < 3 \\ 1, & x \geqslant 3 \end{cases}$$

31.【大纲考点】分布函数.

【解题思路】注意到概率密度为分段函数,因此应就 x 的不同取值范围进行讨论.

【答案解析】设 X 的分布函数为 $F(x)$,即 $F(x)=P\{X\leqslant x\}$.由已知:

当 $x<0$ 时,$\{X\leqslant x\}$ 是不可能事件,从而 $F(x)=0$;

当 $x>1$ 时,$\{X\leqslant x\}$ 是必然事件,则 $F(x)=1$;

当 $0\leqslant x\leqslant 1$ 时,因为

$$|S|=S_D=\int_0^1 (x-x^2)dx=\frac{1}{6},\quad |D_x|=\int_0^x (t-t^2)dt=\frac{x^2}{2}-\frac{x^3}{3}$$

所以

$$F(x)=P\{X\leqslant x\}=\frac{|S_D|}{|\Omega|}=3x^2-2x^3$$

故所求随机变量 X 的分布函数为

$$F(x)=\begin{cases} 0, & x<0 \\ 3x^2-2x^3, & 0\leqslant x\leqslant 1 \\ 1, & x>1 \end{cases}$$

32.【大纲考点】分布函数.

【解题思路】概率分布函数的性质以及分布函数与概率密度的关系.

【答案解析】(1) 由分布函数的性质,得

$$\lim_{x\to+\infty}F(x)=\lim_{x\to+\infty}(A+Be^{-\frac{x^2}{2}})=A=1$$

又根据连续型随机变量分布函数的连续性,得

$$\lim_{x\to 0+}F(x)=\lim_{x\to 0+}(A+Be^{-\frac{x^2}{2}})=A+B=\lim_{x\to 0-}F(x)=0$$

故所求 $A=1,B=-1$.

(2) 根据已知条件,有

$$P\{-1<X<1\}=P\{X<1\}-P\{X\leqslant -1\}=F(1^-)-F(-1)$$

又 X 是连续型随机变量,所以 $F(x)$ 是连续函数,故 $F(1^-)=F(1)$,从而

$$P\{-1<X<1\}=F(1)-F(-1)=(1-e^{-\frac{1}{2}})-0=1-\frac{1}{\sqrt{e}}$$

(3) 所求概率密度为

$$f(x)=F'(x)=\begin{cases} xe^{-\frac{x^2}{2}}, & x>0 \\ 0, & x\leqslant 0 \end{cases}$$

【名师评注】① 当分布函数连续时,随机变量的取值落在某个区间的概率等于分布函数在区间右端点的函数值与左端点的函数值之差.② 由于连续型随机变量在任意一点的概率等于零,因此 $F(x)$ 在其分界点无论是否可导,都可以重新定义概率密度在此点处的函数值.

33.【大纲考点】连续型随机变量及其概率密度的概念.

【解题思路】现根据密度函数的性质解出未知参数,再求概率及分布函数.

【答案解析】(1) 由于
$$\int_{-\infty}^{+\infty} f(x)dx = \int_{-\infty}^{-1} 0dx + \int_{-1}^{0}(c+x)dx + \int_{0}^{1}(c-x)dx + \int_{1}^{+\infty} 0dx = 2c-1$$
那么由概率密度的性质 $\int_{-\infty}^{+\infty} f(x)dx = 1$，得 $2c-1=1$，即 $c=1$.

(2) 所求概率为
$$P\{|X| \leqslant 0.5\} = \int_{-0.5}^{0.5} f(x)dx = \int_{-0.5}^{0}(1+x)dx + \int_{0}^{0.5}(1-x)dx = 0.75$$

(3) 当 $x < -1$ 时，有
$$F(x) = \int_{-\infty}^{x} f(t)dt = \int_{-\infty}^{x} 0dt = 0$$

当 $-1 \leqslant x < 0$ 时，有
$$F(x) = \int_{-\infty}^{x} f(t)dt = \int_{-\infty}^{-1} 0dt + \int_{-1}^{x}(1+t)dt = \frac{1}{2}(1+x)^2$$

当 $0 \leqslant x < 1$ 时，有
$$F(x) = \int_{-\infty}^{x} f(t)dt = \int_{-\infty}^{-1} 0dt + \int_{-1}^{0}(1+t)dt + \int_{0}^{x}(1-t)dt = 1 - \frac{1}{2}(1-x)^2$$

当 $x \geqslant 1$ 时，有
$$F(x) = \int_{-\infty}^{x} f(t)dt = \int_{-\infty}^{-1} 0dt + \int_{-1}^{0}(1+t)dt + \int_{0}^{1}(1-t)dt + \int_{1}^{x} 0dt = 1$$

故所求分布函数为
$$F(x) = \begin{cases} 0, & x < -1 \\ \frac{1}{2}(1+x)^2, & -1 \leqslant x < 0 \\ 1 - \frac{1}{2}(1-x)^2, & 0 \leqslant x < 1 \\ 1, & x \geqslant 1 \end{cases}$$

34. 【大纲考点】正态分布.

【解题思路】根据已知条件先确定参数 μ, σ，而后再计算录用的最低分数.

【答案解析】设报名者的成绩为 X，由题意 $X \sim N(\mu, \sigma^2)$. 因为
$$P\{X > 90\} = 1 - P\{X \leqslant 90\} = 1 - \Phi\left\{\frac{90-\mu}{\sigma}\right\} = \frac{359}{10\,000}$$
$$P\{X < 60\} = \Phi\left\{\frac{60-\mu}{\sigma}\right\} = \frac{1\,151}{10\,000}$$

于是 $\Phi\left\{\frac{90-\mu}{\sigma}\right\} = 1 - 0.035\,9 = 0.964\,1, \Phi\left\{\frac{60-\mu}{\sigma}\right\} = 0.115\,1$

由已知得 $\frac{90-\mu}{\sigma} = 1.8, \frac{60-\mu}{\sigma} = -1.2$

解之得 $\mu = 72, \sigma = 10$.

再设录用者的最低分数为 x，由题意，得
$$P\{X>x\}=1-P\{X\leqslant x\}=1-\varPhi\left(\frac{x-\mu}{\sigma}\right)=\frac{2\,500}{10\,000}$$
即
$$\varPhi\left(\frac{x-\mu}{\sigma}\right)=1-0.25=0.75$$
由已知得
$$\frac{x-\mu}{\sigma}=0.675$$
故所求录用者的最低分数为
$$x=\mu+0.675\sigma=72+0.675\times 10\approx 79$$

35.【大纲考点】随机变量函数的分布.

【解题思路】求随机变量函数的概率密度时，可以先求出其分布函数，再对分布函数求导数得到其概率密度，也可以直接使用随机变量的概率密度与其函数的概率密度之间的关系 $f_Y(y)=\sum f_X[h(y)]\,|\,h'(y)\,|$ 进行计算，还可以通过积分转化法求得其概率密度.

【答案解析】方法一　分布函数法.

由于 $F_Y(y)=P\{Y\leqslant y\}=P\{e^X\leqslant y\}$，则

当 $y\leqslant 0$ 时，$F_Y(y)=P\{e^X\leqslant y\}=P(\varnothing)=0$；

当 $y>0$ 时，$F_Y(y)=P\{X\leqslant \ln y\}=F_X(\ln y)$；

故所求随机变量 Y 的概率密度为

$$f_Y(y)=F_Y'(y)=\begin{cases}\dfrac{\mathrm{d}F_X(\ln y)}{\mathrm{d}y}, & y>0 \\ 0, & y\leqslant 0\end{cases}=\begin{cases}\dfrac{f_X(\ln y)}{y}, & y>0 \\ 0, & y\leqslant 0\end{cases}$$

$$=\begin{cases}\dfrac{\ln y}{8y}, & 0<\ln y<4 \\ 0, & \text{其他}\end{cases}=\begin{cases}\dfrac{\ln y}{8y}, & 1<y<e^4 \\ 0, & \text{其他}\end{cases}$$

方法二　公式法.

由于 $Y=e^X$ 对应的函数 $y=e^x$ 是单调函数，其反函数 $x=\ln y$，且 $\dfrac{\mathrm{d}x}{\mathrm{d}y}=\dfrac{1}{y}$.当 $0\leqslant x\leqslant 4$ 时，$1\leqslant y\leqslant e^4$.从而由性质得

$$f_Y(y)=\begin{cases}f_X(\ln y)\left|\dfrac{\mathrm{d}x}{\mathrm{d}y}\right|, & 1\leqslant y\leqslant e^4 \\ 0, & \text{其他}\end{cases}=\begin{cases}\dfrac{\ln y}{8y}, & 1\leqslant y\leqslant e^4 \\ 0, & \text{其他}\end{cases}$$

方法三　积分转化法.

由于
$$\int_{-\infty}^{+\infty}h(e^x)f(x)\mathrm{d}x=\int_{-\infty}^{0}h(e^x)f(x)\mathrm{d}x+\int_{0}^{4}h(e^x)f(x)\mathrm{d}x+\int_{4}^{+\infty}h(e^x)f(x)\mathrm{d}x$$
$$=\int_{0}^{4}h(e^x)\frac{x}{8}\mathrm{d}x\xrightarrow{\text{令}y=e^x}\int_{1}^{e^4}h(y)\frac{\ln y}{8y}\mathrm{d}y$$

于是,所求概率密度为

$$f_Y(y) = \begin{cases} \dfrac{\ln y}{8y}, & 1 \leqslant y \leqslant e^4 \\ 0, & \text{其他} \end{cases}$$

36.【大纲考点】随机变量函数的分布.

【解题思路】通常可根据分布函数法、公式法、积分转换法计算随机变量函数的分布.

【答案解析】**方法一** 分布函数法.

根据分布函数的定义,有

$$F_Y(y) = P\{Y \leqslant y\} = P\{\sin X \leqslant y\}$$

当 $y < 0$ 时,$\{\sin X \leqslant y\}$ 是不可能事件,则 $F(y) = 0$;

当 $0 \leqslant y \leqslant 1$ 时,有

$$F_Y(y) = P\{\sin X \leqslant y\} = P\{(0 < X \leqslant \arcsin y) \cup (\pi - \arcsin y < X < \pi)\}$$

$$= \int_0^{\arcsin y} \dfrac{2x}{\pi^2} dx + \int_{\pi - \arcsin y}^{\pi} \dfrac{2x}{\pi^2} dx$$

$$= \dfrac{1}{\pi^2}(\arcsin y)^2 + 1 - \dfrac{1}{\pi^2}(\pi - \arcsin y)^2 = \dfrac{2}{\pi} \arcsin y$$

当 $y > 1$ 时,$\{\sin X \leqslant y\}$ 是必然事件,则 $F(y) = 1$.

于是,所求 $Y = \sin X$ 的概率密度为

$$f_Y(y) = F'(y) = \begin{cases} \dfrac{2}{\pi \sqrt{1-y^2}}, & 0 \leqslant y < 1 \\ 0, & \text{其他} \end{cases}$$

方法二 公式法.

因为函数 $y = \sin x$ 在 $\left(0, \dfrac{\pi}{2}\right]$ 的反函数为 $x = \arcsin y$,而在 $\left(\dfrac{\pi}{2}, \pi\right)$ 的反函数为 $x = \pi - \arcsin y$,于是可得所求概率密度为

当 $0 \leqslant y < 1$ 时,有

$$f_Y(y) = f(\arcsin y) \mid (\arcsin y)' \mid + f(\pi - \arcsin y) \mid (\pi - \arcsin y)' \mid$$

$$= \dfrac{2\arcsin x}{\pi^2} \cdot \left| \dfrac{1}{\sqrt{1-y^2}} \right| + \dfrac{2(\pi - \arcsin x)}{\pi^2} \cdot \left| \dfrac{-1}{\sqrt{1-y^2}} \right| = \dfrac{2}{\pi \sqrt{1-y^2}}$$

当 $y < 0$ 或 $y \geqslant 1$ 时,$f_Y(y) = 0$.

故所求概率密度为

$$f_Y(y) = F'(y) = \begin{cases} \dfrac{2}{\pi \sqrt{1-y^2}}, & 0 \leqslant y < 1 \\ 0, & \text{其他} \end{cases}$$

方法三 积分转化法.

由于

$$\int_{-\infty}^{+\infty} h(\sin x) f_X(x) \mathrm{d}x = \int_0^{\pi} h(\sin x) \frac{2x}{\pi^2} \mathrm{d}x = \int_0^{\frac{\pi}{2}} h(\sin x) \cdot \frac{2x}{\pi^2} \mathrm{d}x + \int_{\frac{\pi}{2}}^{\pi} h(\sin x) \frac{2x}{\pi^2} \mathrm{d}x$$

$$\xrightarrow{\text{令 } y = \sin x} \int_0^1 h(y) \cdot \frac{2\arcsin y}{\pi^2} \cdot \frac{1}{\sqrt{1-y^2}} \mathrm{d}y + \int_1^0 h(y) \cdot \frac{2(\pi - \arcsin y)}{\pi^2} \cdot \left(-\frac{1}{\sqrt{1-y^2}}\right) \mathrm{d}y$$

$$= \int_0^1 h(y) \cdot \frac{2}{\pi^2 \sqrt{1-y^2}} \mathrm{d}y$$

从而有

$$f_Y(y) = \begin{cases} \dfrac{2}{\pi \sqrt{1-y^2}}, & 0 \leqslant y < 1 \\ 0, & \text{其他} \end{cases}$$

第三章　多维随机变量及其分布

一、选择题

1.【大纲考点】二维离散型随机变量的概率分布.

【解题思路】根据随机事件的独立性以及二维离散型随机变量分布律的性质进行计算.

【答案解析】应选(B).

根据分布律的性质,得 $0.4+a+b+0.1=1$,即 $a+b=0.5$.又

$$P\{X=0\}=P\{X=0,Y=0\}+P\{X=0,Y=1\}=0.4+a$$

$$P\{X+Y=1\}=P\{X=0,Y=1\}+P\{X=1,Y=0\}=a+b$$

$$P\{X=0,X+Y=1\}=P\{X=0,Y=1\}=a$$

而随机事件 $\{X=0\}$ 与 $\{X+Y=1\}$ 相互独立,可得

$$P\{X=0,X+Y=1\}=P\{X=0\}P\{X+Y=1\}$$

即

$$(0.4+a)(a+b)=a$$

解之得 $a=0.4,b=0.1$.

2.【大纲考点】二维随机变量相关事件的概率.

【解题思路】注意 $\max(X,Y)\geqslant 0$,也就是随机变量 X 和 Y 中至少有一个大于零,而后根据概率的基本性质计算.

【答案解析】应选(B).

$$P\{\max(X,Y)\geqslant 0\}=P\{(X\geqslant 0)\bigcup(Y\geqslant 0)\}$$

$$=P\{X\geqslant 0\}+P\{Y\geqslant 0\}-P\{(X\geqslant 0)\bigcap(Y\geqslant 0)\}$$

$$=\frac{4}{7}+\frac{4}{7}-\frac{3}{7}=\frac{5}{7}$$

3.【大纲考点】二维连续型随机变量的概率密度.

【解题思路】根据概率密度的性质 $f(x,z)\geqslant 0$ 与 $\int_{-\infty}^{+\infty}\mathrm{d}x\int_{-\infty}^{+\infty}f(x,y)\mathrm{d}x\mathrm{d}y=1$ 进行选择.

【答案解析】应选(B).

由于 $\cos x$ 在 $\left(\frac{\pi}{2},\pi\right)$ 上为负值,那么根据概率密度的非负性可知,选项(C),(D) 的函数不能作为概率密度.对于选项(A),$f(x,y)\geqslant 0$,而

$$\int_{-\infty}^{+\infty}\mathrm{d}x\int_{-\infty}^{+\infty}f(x,y)\mathrm{d}x\mathrm{d}y=\int_{-\frac{\pi}{2}}^{\frac{\pi}{2}}\cos x\,\mathrm{d}x\int_{0}^{1}\mathrm{d}y=2$$

对于选项(B),$f(x,y)\geqslant 0$,且

$$\int_{-\infty}^{+\infty}\mathrm{d}x\int_{-\infty}^{+\infty}f(x,y)\mathrm{d}x\mathrm{d}y=\int_{-\frac{\pi}{2}}^{\frac{\pi}{2}}\cos x\,\mathrm{d}x\int_{0}^{\frac{1}{2}}\mathrm{d}y=1$$

综上所述,选(B).

4.【大纲考点】二维连续型随机变量的概率密度.

【解题思路】根据概率密度计算所求概率.

【答案解析】应选(B).

根据已知条件,有

$$P\{X<0.5,Y<0.6\}=\int_{-\infty}^{0.5}\mathrm{d}x\int_{-\infty}^{0.6}f(x,y)\mathrm{d}y=\int_{0}^{0.5}\mathrm{d}x\int_{0}^{0.6}\mathrm{d}y=0.5\times 0.6=0.3$$

5.【大纲考点】多维随机变量的分布的概念、边缘分布.

【解题思路】根据随机事件的概率与分布函数、边缘分布函数的关系,概率的基本性质推演即可.

【答案解析】应选(D).

$$\begin{aligned}P\{X>x_0,Y>y_0\}&=1-P\{\overline{(X>x_0\cap Y>y_0)}\}=1-P\{\overline{(X>x_0)}\cup\overline{(Y>y_0)}\}\\&=1-\{P[\overline{(X>x_0)}]+P[\overline{(Y>y_0)}]-P[\overline{(X>x_0)}\cap\overline{(Y>y_0)}]\}\\&=1-[P\{X\leqslant x_0\}+P\{Y\leqslant y_0\}-P\{X\leqslant x_0,Y\leqslant y_0\}]\\&=1-[F_X(x_0)+F_Y(y_0)-F(x_0,y_0)]\\&=1-F_X(x_0)-F_Y(y_0)+F(x_0,y_0)\end{aligned}$$

6.【大纲考点】二维离散型随机变量的概率分布、边缘分布.

【解题思路】根据二维离散型随机变量的联合分布律与边缘分布律的关系、独立性计算.

【答案解析】应选(C).

由随机变量 X 和 Y 相互独立可得 X 和 Y 的联合分布律为

X \ Y	-1	1	$p_{i\cdot}$
-1	$\dfrac{1}{4}$	$\dfrac{1}{4}$	$\dfrac{1}{2}$
1	$\dfrac{1}{4}$	$\dfrac{1}{4}$	$\dfrac{1}{2}$
$p_{\cdot j}$	$\dfrac{1}{2}$	$\dfrac{1}{2}$	

于是 $P\{X=Y\}=P\{X=-1,Y=-1\}+P\{X=1,Y=1\}=\dfrac{1}{4}+\dfrac{1}{4}=\dfrac{1}{2}$

7.【大纲考点】二维正态分布的概率密度.

【解题思路】利用随机变量 X 和 Y 相互独立,先推知 $X+Y$, $X-Y$ 的概率分布,最后分别计算概率.

【答案解析】应选(B).

由于随机变量 X 和 Y 相互独立,则有

$$X+Y\sim N(1,2),\quad X-Y\sim N(-1,2)$$

于是 $$P\{X+Y\leqslant 0\}=P\left\{\dfrac{X+Y-1}{\sqrt{2}}\leqslant\dfrac{-1}{\sqrt{2}}\right\}=\Phi\left(\dfrac{-1}{\sqrt{2}}\right)\neq\dfrac{1}{2}$$

$$P\{X+Y\leqslant 1\}=P\left\{\dfrac{X+Y-1}{\sqrt{2}}\leqslant 0\right\}=\Phi(0)=\dfrac{1}{2}$$

$$P\{X-Y\leqslant 0\}=P\left\{\frac{X-Y+1}{\sqrt{2}}\leqslant\frac{1}{\sqrt{2}}\right\}=\varPhi\left(\frac{1}{\sqrt{2}}\right)\neq\frac{1}{2}$$

$$P\{X-Y\leqslant 1\}=P\left\{\frac{X-Y+1}{\sqrt{2}}\leqslant\frac{2}{\sqrt{2}}\right\}=\varPhi(\sqrt{2})\neq\frac{1}{2}$$

8.【大纲考点】二维随机变量的函数的分布.

【解题思路】利用随机变量 X 和 Y 独立性以及概率的基本性质进行计算.

【答案解析】应选(A).

由于随机变量 X 和 Y 独立同分布,所以

$$F_Z(z)=P\{Z\leqslant z\}=P\{\max\{X,Y\}\leqslant z\}=P\{X\leqslant z,Y\leqslant z\}$$
$$=P\{X\leqslant z\}P\{Y\leqslant z\}=F^2(z)$$

9.【大纲考点】全概率公式、二维随机变量的函数的分布.

【解题思路】依据全概率公式、二维随机变量函数的分布函数的计算及函数间断点的判定.

【答案解析】应选(B).

$$F_Z(z)=P\{Z\leqslant z\}=P\{Y=0\}P\{XY\leqslant z\mid Y=0\}+P\{Y=1\}P\{XY\leqslant z\mid Y=1\}$$
$$=\frac{1}{2}P\{0\cdot X\leqslant z\mid Y=0\}+\frac{1}{2}P\{X\leqslant z\mid Y=1\}$$

而

$$P\{0\cdot X\leqslant z\mid Y=0\}=P\{0\cdot X\leqslant z\}=\begin{cases}P(S),&z\geqslant 0\\ P(\varnothing),&z<0\end{cases}=\begin{cases}1,&z\geqslant 0\\ 0,&z<0\end{cases}$$

$$P\{X\leqslant z\mid Y=1\}=P\{X\leqslant z\}=\int_{-\infty}^{z}\frac{1}{\sqrt{2\pi}}\mathrm{e}^{-\frac{x^2}{2}}\mathrm{d}x$$

可得

$$F_Z(z)=\begin{cases}\dfrac{1}{2}\int_{-\infty}^{z}\dfrac{1}{\sqrt{2\pi}}\mathrm{e}^{-\frac{x^2}{2}}\mathrm{d}x,&z<0\\ \dfrac{1}{2}+\dfrac{1}{2}\int_{-\infty}^{z}\dfrac{1}{\sqrt{2\pi}}\mathrm{e}^{-\frac{x^2}{2}}\mathrm{d}x,&z\geqslant 0\end{cases}$$

显然 $z<0$ 和 $z>0$, $F_Z(z)$ 均连续,又

$$\lim_{z\to 0^-}F_Z(z)=\lim_{z\to 0^-}\frac{1}{2}\int_{-\infty}^{z}\frac{1}{\sqrt{2\pi}}\mathrm{e}^{-\frac{x^2}{2}}\mathrm{d}x=\frac{1}{4}$$

$$\lim_{z\to 0^+}F_Z(z)=\lim_{z\to 0^+}\left(\frac{1}{2}+\frac{1}{2}\int_{-\infty}^{z}\frac{1}{\sqrt{2\pi}}\mathrm{e}^{-\frac{x^2}{2}}\mathrm{d}x\right)=\frac{3}{4}=F_Z(0)$$

可见, $F_Z(z)$ 仅在 $z=0$ 处间断.

10.【大纲考点】二维随机变量的函数的分布.

【解题思路】利用二维正态分布和的性质计算.

【答案解析】应选(D).

注意到二维正态分布和的性质:如果 (X,Y) 服从二维正态分布 $N(\mu_1,\mu_2,\sigma_1^2,\sigma_2^2,\rho)$,则

$aX+bY$ 服从正态分布 $N(a\mu_1+b\mu_2,a^2\sigma_1^2+2ab\rho\sigma_1\sigma_2+b^2\sigma_2^2)$.

由于随机变量 $X \sim N(\mu_1,\sigma_1^2),Y \sim N(\mu_2,\sigma_2^2)$ 相互独立,所以 (X,Y) 服从二维正态分布 $N(\mu_1,\mu_2,\sigma_1^2,\sigma_2^2,0)$,因此 $X+Y \sim N(\mu_1+\mu_2,\sigma_1^2+\sigma_2^2)$.

11.【大纲考点】二维随机变量的函数的分布.

【解题思路】注意到随机变量 X,Y 相互独立以及两个随机变量的 $X+Y,X-Y,\max\{X,Y\}$, $\min\{X,Y\}$ 的性质.

【答案解析】应选(D).

当 X,Y 相互独立时,可求得 (X,Y) 概率密度为 $f(x,y)=f_X(x)f_Y(y)$,则有

$$\int_{-\infty}^{+\infty}\int_{-\infty}^{+\infty}g(x+y)f(x,y)\mathrm{d}x\mathrm{d}y = \int_0^{+\infty}\mathrm{d}x\int_0^{+\infty}g(x+y)\lambda^2 e^{-\lambda(x+y)}\mathrm{d}y$$

$$=\int_0^{+\infty}\mathrm{d}x\int_x^{+\infty}g(z)\lambda^2 e^{-\lambda z}\mathrm{d}z = \int_0^{+\infty}\mathrm{d}z\int_0^z g(z)\cdot\lambda^2 e^{-\lambda z}\mathrm{d}x$$

$$=\int_0^{+\infty}g(z)\cdot\lambda^2 z e^{-\lambda z}\mathrm{d}z$$

$$\int_{-\infty}^{+\infty}\int_{-\infty}^{+\infty}g(x-y)f(x,y)\mathrm{d}x\mathrm{d}y = \int_0^{+\infty}\mathrm{d}x\int_0^{+\infty}g(x-y)\lambda^2 e^{-\lambda(x+y)}\mathrm{d}y$$

$$=\int_0^{+\infty}\mathrm{d}x\int_{-\infty}^x g(z)\lambda^2 e^{-\lambda(2x-z)}\mathrm{d}z = \int_{-\infty}^0 \mathrm{d}z\int_0^{+\infty}g(z)\lambda^2 e^{-\lambda(2x-z)}\mathrm{d}x + \int_0^{+\infty}\mathrm{d}z\int_z^{+\infty}g(z)\lambda^2 e^{-\lambda(2x-z)}\mathrm{d}z$$

$$=\int_{-\infty}^0 g(z)\frac{\lambda}{2}e^{\lambda z}\mathrm{d}z + \int_0^{+\infty}g(z)\frac{\lambda}{2}e^{-\lambda z}\mathrm{d}z = \int_{-\infty}^{+\infty}g(z)\frac{\lambda}{2}e^{-\lambda|z|}\mathrm{d}z$$

即 $X+Y,X-Y$ 概率密度分别为

$$f_{X+Y}(z)=\begin{cases}\lambda^2 z e^{-\lambda z}, & z>0 \\ 0, & z\leqslant 0\end{cases}, f_{X-Y}(z)=\frac{\lambda}{2}e^{-\lambda|z|}$$

另外

$$F_{\max\{X,Y\}}(z)=P\{\max\{X,Y\}\leqslant z\}=P\{X\leqslant z,Y\leqslant z\}=P\{X\leqslant z\}P\{Y\leqslant z\}$$

$$=F_X(z)F_Y(z)=\begin{cases}(1-e^{-\lambda z})^2, & z>0 \\ 0, & z\leqslant 0\end{cases}$$

$$f_{\max\{X,Y\}}=\begin{cases}2\lambda(1-e^{-\lambda z})e^{-\lambda z}, & z>0 \\ 0, & z\leqslant 0\end{cases}$$

$$F_{\min\{X,Y\}}(z)=P\{\min\{X,Y\}\leqslant z\}=1-P\{\min\{X,Y\}>z\}=1-P\{X>z,Y>z\}$$

$$=1-P\{X>z\}P\{Y>z\}=1-(1-P\{X\leqslant z\})(1-P\{Y\leqslant z\})$$

$$=1-[1-F_X(z)][1-F_Y(z)]=\begin{cases}1-e^{-2\lambda z}, & z>0 \\ 0, & z\leqslant 0\end{cases}$$

$$f_{\min\{X,Y\}}=\begin{cases}2\lambda e^{-2\lambda z}, & z>0 \\ 0, & z\leqslant 0\end{cases}$$

综上所述,选(D).

【名师评注】由于 $E(X+Y)=E(X)+E(Y)=\dfrac{2}{\lambda}$，$E(X-Y)=E(X)-E(Y)=0$，故而可以排除(A),(B).

12.【大纲考点】随机变量函数的分布、均匀分布.

【解题思路】根据随机变量的独立性计算(X,Y)的概率密度.

【答案解析】应选(A).

注意到随机变量 X,Y 相互独立,于是(X,Y)的概率密度为

$$f(x,y)=f_X(x)f_Y(y)=\begin{cases}1, & 0<x<1, 0<y<1 \\ 0, & \text{其他}\end{cases}$$

即(X,Y)服从区域 $D=\{(x,y)\mid 0<x<1, 0<y<1\}$ 上的均匀分布.

13.【大纲考点】边缘概率密度、随机变量的独立性.

【解题思路】根据题干及备选项,适宜用赋值法确定.

【答案解析】应选(D).

设 X 与 Y 均服从$(0,2)$上的均匀分布,则有

$$f_X(x)=\begin{cases}\dfrac{1}{2}, & 0<x<2 \\ 0, & \text{其他}\end{cases}, \qquad f_Y(y)=\begin{cases}\dfrac{1}{2}, & 0<y<2 \\ 0, & \text{其他}\end{cases}$$

$$F_X(x)=\begin{cases}0, & x<0 \\ \dfrac{1}{2}x, & 0\leqslant x<2, \\ 1, & x\geqslant 1\end{cases} \qquad F_Y(y)=\begin{cases}0, & y<0 \\ \dfrac{1}{2}y, & 0\leqslant y<2 \\ 1, & y\geqslant 1\end{cases}$$

于是

$$f_X(x)+f_Y(x)=\begin{cases}1, & 0<x<2 \\ 0, & \text{其他}\end{cases}, \qquad f_X(x)f_Y(x)=\begin{cases}\dfrac{1}{4}, & 0<x<2 \\ 0, & \text{其他}\end{cases}$$

$$F_X(x)+F_Y(x)=\begin{cases}0, & x<0 \\ x, & 0\leqslant x<2, \\ 2, & x\geqslant 1\end{cases} \qquad F_X(x)\cdot F_Y(x)=\begin{cases}0, & x<0 \\ \dfrac{1}{4}x^2, & 0\leqslant x<2 \\ 1, & x\geqslant 1\end{cases}$$

显然 $f_X(x)+f_Y(x), f_X(x)\cdot f_Y(x)$ 不满足概率密度的性质 $\int_{-\infty}^{+\infty}f(x)\mathrm{d}x=1$，而 $F_X(x)+F_Y(x)$ 不满足分布函数 $F(+\infty)=1$.

14.【大纲考点】二维随机变量联合概率分布与边缘概率分布.

【解题思路】考查二维随机变量联合概率分布与边缘概率分布的关系,适宜用赋值法.

【答案解析】应选(B).

如取(X,Y)的分布律,则(U,V)的分布律为

(X,Y) 的分布律

X \ Y	0	1	$p_{i.}$
0	0.1	0.3	0.4
1	0.3	0.3	0.6
$p_{.j}$	0.4	0.6	

(U,V) 的分布律

U \ V	0	1	$p_{i.}$
0	0.16	0.24	0.4
1	0.24	0.36	0.6
$p_{.j}$	0.4	0.6	

显然随机变量 (X,Y) 与 (U,V) 具有相同的边缘分布,但是它们的联合分布律不同.另外:

$X+Y$ 的分布律

$X+Y$	0	1	2
P	0.1	0.6	0.3

$U+V$ 的分布律

$U+V$	0	1	2
P	0.16	0.48	0.36

$X-Y$ 的分布律

$X-Y$	-1	0	1
P	0.3	0.4	0.3

$U-V$ 的分布律

$U-V$	-1	0	1
P	0.24	0.52	0.24

于是 (X,Y) 与 (U,V) 联合分布不同,$X+Y$ 与 $U+V$ 的分布不同、$X-Y$ 与 $U-V$ 的分布也不同.

二、填空题

15.【大纲考点】二维离散型随机变量的联合分布律与边缘分布率.

【解题思路】根据二维随机变量的联合分布率进行计算.

【答案解析】应填 0.

不妨设 (X_1,X_2) 的分布律为

X_1 \ X_2	-1	0	1	$p_{i.}$
-1	p_{11}	p_{12}	p_{13}	$\frac{1}{4}$
0	p_{21}	p_{22}	p_{23}	$\frac{1}{2}$
1	p_{31}	p_{32}	p_{33}	$\frac{1}{4}$
$p_{.j}$	$\frac{1}{4}$	$\frac{1}{2}$	$\frac{1}{4}$	

由已知条件 $P\{X_1X_2=0\}=1$,可得 $P\{X_1X_2\neq 0\}\neq 0$,即 $p_{11}+p_{13}+p_{31}+p_{33}=0$,再由概率的性质可得 $p_{11}=p_{13}=p_{31}=p_{33}=0$,根据联合分布律与边缘分布律的关系可得

$$p_{11}+p_{12}+p_{13}=\frac{1}{4}, p_{31}+p_{32}+p_{33}=\frac{1}{4}$$

于是 $p_{12}=p_{32}=\dfrac{1}{4}$.而由 $p_{12}+p_{21}+p_{31}=\dfrac{1}{4}$,$p_{12}+p_{22}+p_{32}=\dfrac{1}{2}$,$p_{31}+p_{32}+p_{33}=\dfrac{1}{4}$,得 $p_{22}=0$,

$p_{21}=p_{23}=\dfrac{1}{4}$.从而 $P\{X_1=X_2\}=p_{11}+p_{22}+p_{33}=0$.

16.【大纲考点】 二维连续型随机变量的联合分布、边缘分布.

  【解题思路】 考查二维连续型随机变量的分布与边缘分布的关系.

  【答案解析】 应填 $\dfrac{1}{4}$.

  区域 D 的面积为 $A=\displaystyle\int_1^{e^2}\dfrac{1}{x}\mathrm{d}x=\ln x\Big|_1^{e^2}=2$.由题意,$(X,Y)$ 的概率密度为

  $$f(x,y)=\begin{cases}\dfrac{1}{2},&(x,y)\in D\\0,&\text{其他}\end{cases}$$

  则关于 X 的边缘密度为

  $$f_X(x)=\int_{-\infty}^{+\infty}f(x,y)\mathrm{d}y=\begin{cases}\displaystyle\int_0^{\frac{1}{x}}\dfrac{1}{2}\mathrm{d}x,&1<x<e^2\\0,&\text{其他}\end{cases}=\begin{cases}\dfrac{1}{2x},&1<x<e^2\\0,&\text{其他}\end{cases}$$

  故得 $f_X(2)=\dfrac{1}{4}$.

17.【大纲考点】 随机变量的联合分布律及其独立性.

  【解题思路】 根据二维离散型随机变量的分布律的性质及独立性的概念求解.

  【答案解析】 应填 $\dfrac{1}{12},\dfrac{3}{8}$.

  由于 X,Y 相互独立,则有

  $$\begin{cases}\left(\dfrac{1}{8}+a+\dfrac{1}{24}\right)\left(\dfrac{1}{8}+b\right)=\dfrac{1}{8}\\\left(\dfrac{1}{8}+a+\dfrac{1}{24}\right)\left(a+\dfrac{1}{4}\right)=a\\\left(b+\dfrac{1}{4}+\dfrac{1}{8}\right)\left(\dfrac{1}{8}+b\right)=\dfrac{1}{24}\\\left(b+\dfrac{1}{4}+\dfrac{1}{8}\right)\left(a+\dfrac{1}{4}\right)=\dfrac{1}{4}\\\dfrac{1}{8}+a+\dfrac{1}{24}+b+\dfrac{1}{4}+\dfrac{1}{8}=1\end{cases}$$

  解之得 $a=\dfrac{1}{12},b=\dfrac{3}{8}$.

18.【大纲考点】 联合分布律及随机变量的独立性.

  【解题思路】 根据离散型随机变量的联合分布律与边缘分布律的关系及随机变量的相互独立性进行计算.

【答案解析】应填 $\frac{1}{2}$.

由已知条件,有

$$p_{11} = p_{\cdot 1} - p_{21} = \frac{1}{6} - \frac{1}{8} = \frac{1}{24}, \qquad p_{2\cdot} = \frac{p_{21}}{p_{\cdot 1}} = \frac{\frac{1}{8}}{\frac{1}{6}} = \frac{3}{4}$$

$$p_{1\cdot} = 1 - p_{2\cdot} = 1 - \frac{3}{4} = \frac{1}{4}, \qquad p_{13} = p_{1\cdot} - p_{11} - p_{12} = \frac{1}{4} - \frac{1}{24} - \frac{1}{8} = \frac{1}{12}$$

$$p_{\cdot 2} = \frac{p_{12}}{p_{1\cdot}} = \frac{\frac{1}{8}}{\frac{1}{4}} = \frac{1}{2}, \qquad p_{\cdot 3} = \frac{p_{13}}{p_{1\cdot}} = \frac{\frac{1}{12}}{\frac{1}{4}} = \frac{1}{3}$$

$$p_{22} = p_{2\cdot} \cdot p_{\cdot 2} = \frac{3}{4} \times \frac{1}{2} = \frac{3}{8}, \qquad p_{23} = p_{2\cdot} \cdot p_{\cdot 3} = \frac{3}{4} \times \frac{1}{3} = \frac{1}{4}$$

可得,随机变量 (X,Y) 的分布律与边缘分布律为

X \ Y	1	2	3	$p_{i\cdot}$
1	$\frac{1}{24}$	$\frac{1}{8}$	$\frac{1}{12}$	$\frac{1}{4}$
2	$\frac{1}{8}$	$\frac{3}{8}$	$\frac{1}{4}$	$\frac{3}{4}$
$p_{\cdot j}$	$\frac{1}{6}$	$\frac{1}{2}$	$\frac{1}{3}$	1

故 $P\{X=3\} + P\{Y=1\} = \frac{1}{3} + \frac{1}{6} = \frac{1}{2}$.

19.【大纲考点】二维随机变量概率的计算.

【解题思路】根据二维随机变量的独立性求解.

【答案解析】应填 $\frac{1}{9}$.

由于 $\{\max(X,Y) \leqslant 1\} = \{X \leqslant 1, Y \leqslant 1\} = \{X \leqslant 1\} \cap \{Y \leqslant 1\}$,又 X 和 Y 相互独立,且都服从区间 $[0,3]$ 上的均匀分布,可得

$$P\{\max(X,Y) \leqslant 1\} = P\{X \leqslant 1\}P\{Y \leqslant 1\} = \frac{1}{3} \times \frac{1}{3} = \frac{1}{9}$$

20.【大纲考点】二维连续型随机变量分布函数的性质.

【解题思路】依据连续型随机变量分布函数的性质进行计算.

【答案解析】应填 0.

由于连续型随机变量和的分布依然是连续型随机变量,而连续型随机变量在任意一直线上的概率为零,所以 $P\{X+Y=3\} = 0$.

21.【大纲考点】二维连续型随机变量概率密度的性质.

【解题思路】连续型随机变量概率的计算.

【答案解析】应填 2.

根据概率密度的性质,有

$$\int_{-\infty}^{+\infty}\int_{-\infty}^{+\infty} f(x,y)\mathrm{d}x\mathrm{d}y = \int_0^1 \mathrm{d}x\int_0^x k(x+y)\mathrm{d}y = k\int_0^1\left(x^2+\frac{1}{2}x^2\right)\mathrm{d}x = \frac{k}{2} = 1$$

可得, $k=2$.

22.【大纲考点】连续型随机变量概率的计算.

【解题思路】只需要计算概率密度在相应区域上的积分即可.

【答案解析】应填 $\frac{1}{12}$.

$$P\{X+Y\leqslant 1\} = \iint_{x+y\leqslant 1} f(x,y)\mathrm{d}x\mathrm{d}y = \int_0^{\frac{1}{2}}\mathrm{d}x\int_x^{1-x} 4xy\mathrm{d}y = 2\int_0^{\frac{1}{2}} x(1-2x)\mathrm{d}x = \frac{1}{12}$$

三、解答题

23.【大纲考点】二维离散型随机变量的分布律.

【解题思路】根据二维离散型随机变量的分布律计算.

【答案解析】X,Y 可能的取值分别为 $0,1,2,3$ 和 $0,1,2$.本题属于古典概型问题,从 7 个球中取出 4 个的取法共有 $C_7^4 = 35$ 种.

$P\{X=0,Y=0\} = P(\varnothing) = 0,\qquad P\{X=0,Y=1\} = P(\varnothing) = 0$

$P\{X=0,Y=2\} = \dfrac{C_3^0 \times C_2^2 \times C_2^2}{35} = \dfrac{1}{35},\qquad P\{X=1,Y=0\} = P(\varnothing) = 0$

$P\{X=1,Y=1\} = \dfrac{C_3^1 \times C_2^1 \times C_2^2}{35} = \dfrac{6}{35},\qquad P\{X=1,Y=2\} = \dfrac{C_3^1 \times C_2^1 \times C_2^2}{35} = \dfrac{6}{35}$

$P\{X=2,Y=0\} = \dfrac{C_3^2 \times C_2^2}{35} = \dfrac{3}{35},\qquad P\{X=2,Y=1\} = \dfrac{C_3^2 \times C_2^1 \times C_2^1}{35} = \dfrac{12}{35}$

$P\{X=2,Y=2\} = \dfrac{C_3^2 \times C_2^2}{35} = \dfrac{3}{35},\qquad P\{X=3,Y=0\} = \dfrac{C_3^3 \times C_2^1 \times C_2^0}{35} = \dfrac{2}{35}$

$P\{X=3,Y=1\} = \dfrac{C_3^3 \times C_2^0 \times C_2^1}{35} = \dfrac{2}{35},\qquad P\{X=3,Y=2\} = P(\varnothing) = 0$

故 (X,Y) 分布律为

X \ Y	0	1	2
0	0	0	$\dfrac{1}{35}$
1	0	$\dfrac{6}{35}$	$\dfrac{6}{35}$
2	$\dfrac{3}{35}$	$\dfrac{12}{35}$	$\dfrac{3}{35}$
3	$\dfrac{2}{35}$	$\dfrac{2}{35}$	0

24.【大纲考点】二维离散型随机变量的概率分布、边缘分布.

【解题思路】搞清楚(X,Y)的所有可能取值的数对是解题的关键.

【答案解析】获胜盘数Y服从参数为$\frac{1}{2}$的二项分布,即$Y \sim B\left(3,\frac{1}{2}\right)$. 3盘中失败出现的次数为$3-Y$,从而$X = |Y-(3-Y)|$,且$X$的取值为1,3.则有

$$P\{X=1,Y=0\} = P(\varnothing) = 0$$

$$P\{X=3,Y=0\} = P\{Y=0\} \times P\{X=3 \mid Y=0\} = C_3^0 \times \left(\frac{1}{2}\right)^3 \times 1 = \frac{1}{8}$$

$$P\{X=1,Y=1\} = P\{Y=1\} \times P\{X=1 \mid Y=1\} = C_3^1 \times \left(\frac{1}{2}\right)^3 \times 1 = \frac{3}{8}$$

$$P\{X=3,Y=1\} = P(\varnothing) = 0$$

$$P\{X=1,Y=2\} = P\{Y=2\} \times P\{X=1 \mid Y=2\} = C_3^2 \times \left(\frac{1}{2}\right)^3 \times 1 = \frac{3}{8}$$

$$P\{X=3,Y=2\} = P(\varnothing) = 0, P\{X=3,Y=1\} = P(\varnothing) = 0$$

$$P\{X=3,Y=3\} = P\{Y=3\} \times P\{X=3 \mid Y=3\} = C_3^3 \times \left(\frac{1}{2}\right)^3 \times 1 = \frac{1}{8}$$

可得(X,Y)的分布律为

X \ Y	0	1	2	3
1	0	$\frac{3}{8}$	$\frac{3}{8}$	0
3	$\frac{1}{8}$	0	0	$\frac{1}{8}$

关于随机变量X的边缘分布律为

X	1	3
P	$\frac{3}{4}$	$\frac{1}{4}$

关于随机变量Y的边缘分布律为

Y	0	1	2	3
P	$\frac{1}{8}$	$\frac{3}{8}$	$\frac{3}{8}$	$\frac{1}{8}$

25.【大纲考点】二维离散型随机变量的概率分布、边缘分布.

【解题思路】由题意知,Y的取值大于X的取值时,概率为0,所以本题主要计算Y的取值小于等于X的取值时的概率.

【答案解析】随机变量X,Y的取值均为1,2,3,4,由条件概率公式得

$$P\{X=1,Y=1\}=P\{X=1\}P\{Y=1\mid X=1\}=\frac{1}{4}\times 1=\frac{1}{4}$$

$$P\{X=1,Y=2\}=P\{X=1\}P\{Y=2\mid X=1\}=\frac{1}{4}\times 0=0$$

类似可求得当 $j\leqslant i$ 时,有

$$P\{X=i,Y=j\}=P\{X=i\}P\{Y=j\mid X=i\}=\frac{1}{4}\times\frac{1}{i}$$

当 $j>i$ 时,有

$$P\{X=i,Y=j\}=P\{X=i\}P\{Y=j\mid X=i\}=0$$

故得 (X,Y) 的分布律及边缘分布律为

Y \ X	1	2	3	4	$p_{i\cdot}$
1	$\frac{1}{4}$	0	0	0	$\frac{1}{4}$
2	$\frac{1}{8}$	$\frac{1}{8}$	0	0	$\frac{1}{4}$
3	$\frac{1}{12}$	$\frac{1}{12}$	$\frac{1}{12}$	0	$\frac{1}{4}$
4	$\frac{1}{16}$	$\frac{1}{16}$	$\frac{1}{16}$	$\frac{1}{16}$	$\frac{1}{4}$
$p_{\cdot j}$	$\frac{25}{48}$	$\frac{13}{48}$	$\frac{7}{48}$	$\frac{3}{48}$	

26.【大纲考点】二维离散型随机变量的概率分布、边缘分布.

【解题思路】根据条件概率的计算公式、二维离散型随机变量条件分布律和联合分布律的关系计算.

【答案解析】(1) 由已知条件,有

$$P\{Z=0\}=\frac{3^2}{6^2}=\frac{1}{4},\ P\{X=1,Z=0\}=\frac{C_3^1 C_2^1 A_2^2}{6^2}=\frac{1}{9}$$

可得

$$P\{X=1\mid Z=0\}=\frac{P\{X=1,Z=0\}}{P\{Z=0\}}=\frac{4}{9}$$

(2) 由题意, X 和 Y 所有可能取值为 $0,1,2$,则有

$$P\{X=0,Y=0\}=\frac{3^2}{6^2}=\frac{1}{4},\qquad P\{X=0,Y=1\}=\frac{C_2^1 C_3^1 A_2^2}{6^2}=\frac{1}{3}$$

$$P\{X=0,Y=2\}=\frac{2^2}{6^2}=\frac{1}{9},\qquad P\{X=1,Y=0\}=\frac{C_3^1 C_3^1 A_2^2}{6^2}=\frac{1}{6}$$

$$P\{X=1,Y=1\}=\frac{C_2^1 C_2^1 A_2^2}{6^2}=\frac{1}{9},\qquad P\{X=1,Y=2\}=P(\varnothing)=0$$

$P\{X=2,Y=0\}=\dfrac{1}{6^2}=\dfrac{1}{36},\qquad P\{X=2,Y=1\}=P\{X=2,Y=2\}=P(\varnothing)=0$

可得二维随机变量(X,Y)的概率分布为

X \ Y	0	1	2
0	$\dfrac{1}{4}$	$\dfrac{1}{3}$	$\dfrac{1}{9}$
1	$\dfrac{1}{6}$	$\dfrac{1}{9}$	0
2	$\dfrac{1}{36}$	0	0

27.【大纲考点】二维均匀分布、二维连续型随机变量的概率密度.

【解题思路】根据二维随机变量概率密度计算相应的概率.

【答案解析】由已知条件可知(X,Y)的概率密度为

$$f(x,y)=\begin{cases}\dfrac{1}{2}, & (x,y)\in G \\ 0, & \text{其他}\end{cases}$$

二维随机变量(U,V)可能取值的数对为$(0,0),(0,1),(1,0),(1,1)$,取这些数对的概率分别为

$$P\{U=0,V=0\}=P\{X\leqslant Y,X\leqslant 2Y\}=P\{X\leqslant Y\}=\iint\limits_{x<y}f(x,y)\,\mathrm{d}x\,\mathrm{d}y$$

$$=\int_0^1\mathrm{d}x\int_x^1\dfrac{1}{2}\mathrm{d}y=\dfrac{1}{4}$$

$$P\{U=0,V=1\}=P\{X\leqslant Y,X>2Y\}=P\{\varnothing\}=0$$

$$P\{U=1,V=0\}=P(X>Y,X\leqslant 2Y)=P(Y<X\leqslant 2Y)=\iint\limits_{y<x<2y}f(x,y)\,\mathrm{d}x\,\mathrm{d}y$$

$$=\int_0^1\mathrm{d}y\int_y^{2y}\dfrac{1}{2}\mathrm{d}y=\dfrac{1}{4}$$

$$P\{U=1,V=1\}=P\{X>Y,X>2Y\}=P\{X>2Y\}=\iint\limits_{x>2y}f(x,y)\,\mathrm{d}x\,\mathrm{d}y$$

$$=\int_0^2\mathrm{d}x\int_0^{\frac{x}{2}}\dfrac{1}{2}\mathrm{d}y=\dfrac{1}{2}$$

故U和V的联合分布律为

X \ Y	0	1
0	$\dfrac{1}{4}$	0
1	$\dfrac{1}{4}$	$\dfrac{1}{2}$

28.【大纲考点】二维连续型随机变量的概率密度、多维随机变量的分布的概念、二维随机变量相关事件的概率.

【解题思路】根据二维随机变量概率密度的性质计算概率密度中的未知参数,依据二维随机变量分布函数的定义计算分布函数.

【答案解析】(1) 由于

$$\int_{-\infty}^{+\infty}\int_{-\infty}^{+\infty}f(x,y)\mathrm{d}x\mathrm{d}y = \int_{0}^{+\infty}\int_{0}^{+\infty}c\mathrm{e}^{-(3x+4y)}\mathrm{d}x\mathrm{d}y = c\int_{0}^{+\infty}\mathrm{e}^{-3x}\mathrm{d}x\int_{0}^{+\infty}\mathrm{e}^{-4y}\mathrm{d}y = \frac{c}{12}$$

再根据概率密度的性质 $\int_{-\infty}^{+\infty}\int_{-\infty}^{+\infty}f(x,y)\mathrm{d}x\mathrm{d}y = 1$ 得 $c = 12$.

(2) 当 $x > 0, y > 0$ 时,$f(x,y) = c\mathrm{e}^{-(3x+4y)}$,则有

$$F(x,y) = P\{X \leqslant x, Y \leqslant y\} = \int_{-\infty}^{x}\int_{-\infty}^{y}f(u,v)\mathrm{d}u\mathrm{d}v = \int_{0}^{x}\int_{0}^{y}\frac{1}{12}\mathrm{e}^{-(3u+4v)}\mathrm{d}u\mathrm{d}v$$

$$= \frac{1}{12}\int_{0}^{x}\mathrm{e}^{-3u}\mathrm{d}u\int_{0}^{y}\mathrm{e}^{-4v}\mathrm{d}v = (1-\mathrm{e}^{-3x})(1-\mathrm{e}^{-4y})$$

当 x, y 为其他情形时,$f(x,y) = 0$,则有

$$F(x,y) = P\{X \leqslant x, Y \leqslant y\} = \int_{-\infty}^{x}\int_{-\infty}^{y}f(u,v)\mathrm{d}u\mathrm{d}v = \int_{-\infty}^{x}\int_{-\infty}^{y}0\mathrm{d}u\mathrm{d}v = 0$$

故所求分布函数为

$$F(x,y) = \begin{cases} (1-\mathrm{e}^{-3x})(1-\mathrm{e}^{-4y}), & x > 0, y > 0 \\ 0, & \text{其他} \end{cases}$$

(3) 所求概率为

$$P\{0 < X \leqslant 1, 0 < Y \leqslant 2\} = F(1,2) - F(1,0) - F(0,2) + F(0,0)$$
$$= (1-\mathrm{e}^{-3})(1-\mathrm{e}^{-8})$$

29.【大纲考点】二维连续型随机变量的概率密度、边缘密度.

【解题思路】求边缘概率密度时要先确定所求变量的取值范围,再确定积分变量的取值范围,然后再计算.

【答案解析】区域 D 的面积 A 为

$$A = \iint_{D}\mathrm{d}x\mathrm{d}y = \int_{0}^{1}\mathrm{d}x\int_{x^2}^{x}\mathrm{d}y = \int_{0}^{1}(x-x^2)\mathrm{d}x = \frac{1}{6}$$

于是,(X,Y) 的概率密度为

$$f(x,y) = \begin{cases} 6, & 0 \leqslant x \leqslant 1, x^2 \leqslant y \leqslant x \\ 0, & \text{其他} \end{cases}$$

关于 X 的边缘概率密度为

$$f_X(x) = \int_{-\infty}^{+\infty}f(x,y)\mathrm{d}y = \begin{cases} \int_{x^2}^{x}6\mathrm{d}y, & 0 \leqslant x \leqslant 1 \\ 0, & \text{其他} \end{cases} = \begin{cases} 6(x-x^2), & 0 \leqslant x \leqslant 1 \\ 0, & \text{其他} \end{cases}$$

关于 Y 的边缘概率密度为

$$f_Y(y) = \int_{-\infty}^{+\infty} f(x,y) dx = \begin{cases} \int_y^{\sqrt{y}} 6 dx, & 0 \leqslant y \leqslant 1 \\ 0, & \text{其他} \end{cases} = \begin{cases} 6(\sqrt{y} - y), & 0 \leqslant y \leqslant 1 \\ 0, & \text{其他} \end{cases}$$

30.【大纲考点】 二维连续型随机变量的概率密度、边缘密度和条件密度.

【解题思路】 本题主要考查联合概率密度,边缘概率密度,条件概率密度三者之间的关系.搞清楚三者之间的关系是解题的关键.

【答案解析】 由题意,X 在区间 $(0,1)$ 上随机取值,其概率密度为

$$f_X(x) = \begin{cases} 1, & 0 < x < 1 \\ 0, & \text{其他} \end{cases}$$

对于任意给定的数值 $x(0 < x < 1)$,在当 $X = x$ 的条件下,数 Y 在区间 $(x,1)$ 上随机的取值,即 Y 的条件概率密度为

$$f_{Y|X}(y \mid x) = \begin{cases} \dfrac{1}{1-x}, & x < y < 1 \\ 0, & \text{其他} \end{cases}$$

则 X 和 Y 的联合概率密度为

$$f(x,y) = f_X(x) f_{Y|X}(y \mid x) = \begin{cases} \dfrac{1}{1-x}, & 0 < x < y < 1 \\ 0, & \text{其他} \end{cases}$$

于是得关于 Y 的概率密度为

$$f_Y(y) = \int_{-\infty}^{+\infty} f(x,y) dx = \begin{cases} \int_0^y \dfrac{1}{1-x} dx, & 0 < y < 1 \\ 0, & \text{其他} \end{cases}$$

$$= \begin{cases} -\ln(1-y), & 0 < y < 1 \\ 0, & \text{其他} \end{cases}$$

31.【大纲考点】 二维正态分布的概率密度、边缘密度和条件密度.

【解题思路】 根据边缘密度的计算公式进行计算.

【答案解析】 由已知条件可得

$$f_X(x) = \int_{-\infty}^{+\infty} f(x,y) dy = \int_{-\infty}^{+\infty} \dfrac{1}{2\pi} e^{-\frac{1}{2}(x^2+y^2)} (1 + \sin x \sin y) dy$$

$$= \dfrac{1}{\sqrt{2\pi}} e^{-\frac{1}{2}x^2} \int_{-\infty}^{+\infty} \dfrac{1}{\sqrt{2\pi}} e^{-\frac{1}{2}y^2} dy + \dfrac{1}{2\pi} e^{-\frac{1}{2}x^2} \cdot \sin x \int_{-\infty}^{+\infty} e^{-\frac{1}{2}y^2} \cdot \sin y dy$$

注意到 $\dfrac{1}{\sqrt{2\pi}} e^{-\frac{1}{2}y^2}$ 是标准正态分布的概率密度,$\int_{-\infty}^{+\infty} e^{-\frac{1}{2}y^2} \cdot \sin y dy$ 收敛,且被积函数为奇函数,所以 $\int_{-\infty}^{+\infty} \dfrac{1}{\sqrt{2\pi}} e^{-\frac{1}{2}y^2} dy = 1$,$\int_{-\infty}^{+\infty} e^{-\frac{1}{2}y^2} \cdot \sin y dy = 0$,进而 $f_X(x) = \dfrac{1}{\sqrt{2\pi}} e^{-\frac{1}{2}x^2}$. 类似可求 $f_Y(y) = \dfrac{1}{\sqrt{2\pi}} e^{-\frac{1}{2}y^2}$.

【名师评注】本例表明,边缘分布为正态分布的二维随机变量不一定服从二维正态分布.但二维正态分布的边缘分布一定是正态分布.

32.【大纲考点】二维连续型随机变量的概率密度、边缘密度.

【解题思路】根据二维随机变量概率密度的性质计算概率密度中的未知参数,再根据边缘概率密度的计算公式求边缘概率密度.

【答案解析】由于

$$\int_{-\infty}^{+\infty}\int_{-\infty}^{+\infty}f(x,y)\mathrm{d}x\mathrm{d}y = \int_{-\infty}^{+\infty}\int_{-\infty}^{+\infty}A\mathrm{e}^{-2x^2-2xy-y^2}\mathrm{d}x\mathrm{d}y$$

$$= \int_{-\infty}^{+\infty}\int_{-\infty}^{+\infty}A\mathrm{e}^{-x^2-(y+x)^2}\mathrm{d}x\mathrm{d}y = A\int_{-\infty}^{+\infty}\mathrm{e}^{-x^2}\mathrm{d}x\int_{-\infty}^{+\infty}\mathrm{e}^{-(y+x)^2}\mathrm{d}y$$

$$= A\pi\int_{-\infty}^{+\infty}\frac{1}{\sqrt{2\pi}\cdot\left(\frac{1}{\sqrt{2}}\right)}\cdot\mathrm{e}^{-\frac{x^2}{2\left(\frac{1}{\sqrt{2}}\right)^2}}\mathrm{d}x\int_{-\infty}^{+\infty}\frac{1}{\sqrt{2\pi}\cdot\left(\frac{1}{\sqrt{2}}\right)}\cdot\mathrm{e}^{-\frac{(y+x)^2}{2\left(\frac{1}{\sqrt{2}}\right)^2}}\mathrm{d}y$$

$$= A\pi$$

再由概率密度的性质,得 $A\pi=1, A=\frac{1}{\pi}$. 所以,二维随机变量 (X,Y) 的概率密度为

$$f(x,y) = \frac{1}{\sqrt{2\pi}\cdot\left(\frac{1}{\sqrt{2}}\right)}\cdot\mathrm{e}^{-\frac{x^2}{2\left(\frac{1}{\sqrt{2}}\right)^2}}\cdot\frac{1}{\sqrt{2\pi}\cdot\left(\frac{1}{\sqrt{2}}\right)}\cdot\mathrm{e}^{-\frac{(y+x)^2}{2\left(\frac{1}{\sqrt{2}}\right)^2}}$$

而 $f_X(x) = \int_{-\infty}^{+\infty}f(x,y)\mathrm{d}y = \frac{1}{\sqrt{2\pi}\cdot\left(\frac{1}{\sqrt{2}}\right)}\cdot\mathrm{e}^{-\frac{x^2}{2\left(\frac{1}{\sqrt{2}}\right)^2}}\cdot\int_{-\infty}^{+\infty}\frac{1}{\sqrt{2\pi}\cdot\left(\frac{1}{\sqrt{2}}\right)}\cdot\mathrm{e}^{-\frac{(y+x)^2}{2\left(\frac{1}{\sqrt{2}}\right)^2}}\mathrm{d}y$

$$= \frac{1}{\sqrt{2\pi}\cdot\left(\frac{1}{\sqrt{2}}\right)}\cdot\mathrm{e}^{-\frac{x^2}{2\left(\frac{1}{\sqrt{2}}\right)^2}} = \frac{1}{\sqrt{\pi}}\mathrm{e}^{-x^2}$$

故所求条件概率密度为

$$f_{Y|X}(y\mid x) = \frac{f(x,y)}{f_X(x)} = \frac{\frac{1}{\pi}\mathrm{e}^{-2x^2-2xy-y^2}}{\frac{1}{\sqrt{\pi}}\mathrm{e}^{-x^2}} = \frac{1}{\sqrt{\pi}}\mathrm{e}^{-x^2-2xy-y^2}, -\infty<x<+\infty, -\infty<y<+\infty$$

33.【大纲考点】二维随机变量的分布函数的性质.

【解题思路】根据二维随机变量的分布函数的性质,求系数时可利用分布函数在无穷点的函数值计算.而概率密度等于分布函数的二阶混合偏导数.

【答案解析】(1) 由联合分布函数的性质,对于任意的 x,y,有

$$F(+\infty,+\infty) = 1, \quad 即 A\left(B+\frac{\pi}{2}\right)\left(C+\frac{\pi}{2}\right) = 1$$

$$F(x,-\infty) = 0, \quad 即 A\left(B+\arctan\frac{x}{2}\right)\left(C-\frac{\pi}{2}\right) = 0$$

$$F(-\infty, y) = 0, \quad \text{即} \quad A\left(B - \frac{\pi}{2}\right)\left(C + \arctan \frac{y}{3}\right) = 0$$

解之得 $A = \dfrac{1}{\pi^2}, B = C = \dfrac{\pi}{2}$.

(2) 所求概率密度为

$$f(x,y) = \frac{\partial^2 F}{\partial x \partial y} = A \frac{\mathrm{d}}{\mathrm{d}x}\left(B + \arctan \frac{x}{2}\right) \cdot \frac{\mathrm{d}}{\mathrm{d}y}\left(C + \arctan \frac{y}{3}\right)$$

$$= A \frac{\mathrm{d}}{\mathrm{d}x}\left(\arctan \frac{x}{2}\right) \cdot \frac{\mathrm{d}}{\mathrm{d}y}\left(\arctan \frac{y}{3}\right) = \frac{6}{\pi^2(4+x^2)(9+y^2)}$$

(3) X, Y 的边缘分布函数为

$$F_X(x) = F(x, +\infty) = \frac{1}{\pi^2}\left(\frac{\pi}{2} + \arctan \frac{x}{2}\right)\left(\frac{\pi}{2} + \frac{\pi}{2}\right) = \frac{1}{\pi}\left(\frac{\pi}{2} + \arctan \frac{x}{2}\right)$$

$$F_Y(y) = F(+\infty, y) = \frac{1}{\pi^2}\left(\frac{\pi}{2} + \frac{\pi}{2}\right)\left(\frac{\pi}{2} + \arctan \frac{y}{3}\right) = \frac{1}{\pi}\left(\frac{\pi}{2} + \arctan \frac{y}{3}\right)$$

从而 X, Y 边缘概率密度为

$$f_X(x) = F'(x) = \frac{2}{\pi(4+x^2)}, \quad f_Y(y) = F'(y) = \frac{3}{\pi(9+y^2)}$$

(4) 因为

$$f_X(x)f_Y(y) = \frac{2}{\pi(4+x^2)} \cdot \frac{3}{\pi(9+y^2)} = f(x,y)$$

所以随机变量 X 与 Y 独立.

34.【大纲考点】二维均匀分布、边缘分布、条件分布.

【解题思路】首先写出二维均匀分布的概率密度,而后根据公式计算边缘分布、条件分布.

【答案解析】由已知条件得,随机变量 (X,Y) 的概率密度为

$$f(x,y) = \begin{cases} \dfrac{1}{a^2}, & |x+y| < \dfrac{\sqrt{a}}{2}, |x-y| < \dfrac{\sqrt{a}}{2} \\ 0, & \text{其他} \end{cases}$$

(1) 关于随机变量 X 的边缘概率密度为

$$f_X(x) = \int_{-\infty}^{+\infty} f(x,y)\mathrm{d}y = \begin{cases} \displaystyle\int_{-\frac{a}{\sqrt{2}}+|x|}^{\frac{a}{\sqrt{2}}-|x|} \dfrac{1}{a^2} \mathrm{d}y, & |x| \leqslant \dfrac{a}{\sqrt{2}} \\ 0, & \text{其他} \end{cases}$$

$$= \begin{cases} \dfrac{2}{a^2}\left(\dfrac{a}{\sqrt{2}} - |x|\right), & |x| \leqslant \dfrac{a}{\sqrt{2}} \\ 0, & \text{其他} \end{cases}$$

类似地可求关于随机变量 Y 的边缘概率密度为

$$f_Y(y) = \int_{-\infty}^{+\infty} f(x,y)\,dx = \begin{cases} \dfrac{2}{a^2}\left(\dfrac{a}{\sqrt{2}} - |y|\right), & |y| \leqslant \dfrac{a}{\sqrt{2}} \\ 0, & \text{其他} \end{cases}$$

(2) 当 $|y| < \dfrac{a}{\sqrt{2}}$ 时,有

$$f_{X|Y}(x \mid y) = \dfrac{f(x,y)}{f_Y(y)} = \begin{cases} \dfrac{1}{\sqrt{2}a - 2|y|}, & |x| \leqslant \dfrac{a}{\sqrt{2}} - |y| \\ 0, & \text{其他} \end{cases}$$

35.【大纲考点】随机变量的独立性、二维离散型随机变量的概率分布与边缘分布.

【解题思路】解决本题的关键是由 $P\{X_1 X_2 = 0\} = 1$ 推得 $P\{X_1 = -1, X_2 = 1\} = P\{X_1 = 1, X_2 = 1\} = 0$. 再根据联合分布律与边缘分布律的关系求得联合分布律,最后再判断其独立性.

【答案解析】因为 $P\{X_1 X_2 = 0\} = 1$,所以
$$P\{X_1 X_2 \neq 0\} = 1 - P\{X_1 X_2 = 0\} = 0$$
即
$$P\{X_1 = -1, X_2 = 1\} = P\{X_1 = 1, X_2 = 1\} = 0$$

(1) 设 X_1 和 X_2 的联合分布律为

X_1 \ X_2	0	1	$p_{i\cdot}$
-1	p_{11}	0	$\dfrac{1}{4}$
0	p_{21}	p_{22}	$\dfrac{1}{2}$
1	p_{31}	0	$\dfrac{1}{4}$
$p_{\cdot j}$	$\dfrac{1}{2}$	$\dfrac{1}{2}$	

则 $p_{11} = \dfrac{1}{4}, p_{31} = \dfrac{1}{4}, p_{22} = \dfrac{1}{2}$. 又 $p_{21} + p_{22} = \dfrac{1}{2}$,得 $p_{21} = \dfrac{1}{2} - \dfrac{1}{2} = 0$. 故得 X_1 和 X_2 的联合分布律为

X_1 \ X_2	0	1	$p_{i\cdot}$
-1	$\dfrac{1}{4}$	0	$\dfrac{1}{4}$
0	0	$\dfrac{1}{2}$	$\dfrac{1}{2}$
1	$\dfrac{1}{4}$	0	$\dfrac{1}{4}$
$p_{\cdot j}$	$\dfrac{1}{2}$	$\dfrac{1}{2}$	

因为 $p_{21}=0\neq\dfrac{1}{2}\times\dfrac{1}{2}$，所以 X_1 和 X_2 不独立.

36.【大纲考点】二维连续型随机变量的概率密度、边缘密度、随机变量相互独立的条件.

【解题思路】根据连续型随机变量相互独立的充要条件是联合密度等于边缘密度的乘积，为此先计算边缘概率密度.

【答案解析】关于随机变量 X 的边缘概率密度为

$$f_X(x)=\int_{-\infty}^{+\infty}f(x,y)\mathrm{d}y=\int_0^1 f(x,y)\mathrm{d}y=\begin{cases}\int_0^1 6xy^2\mathrm{d}y, & 0\leqslant x\leqslant 1\\ 0, & \text{其他}\end{cases}$$

$$=\begin{cases}2x, & 0\leqslant x\leqslant 1\\ 0, & \text{其他}\end{cases}$$

类似可求关于随机变量 Y 的边缘概率密度为

$$f_Y(y)=\int_{-\infty}^{+\infty}f(x,y)\mathrm{d}x=\begin{cases}3y^2, & 0\leqslant y\leqslant 1\\ 0 & \text{其他}.\end{cases}$$

易验证 $f(x,y)=f_X(x)f_Y(y)$，即 X,Y 相互独立.

37.【大纲考点】随机变量的独立性、二维随机变量相关事件的概率.

【解题思路】由于随机变量相互独立，因此联合密度等于边缘密度的乘积. 第二问计算概率时，先利用判别式求出方程有实根对应的随机变量的取值范围，然后再计算.

【答案解析】(1) 由于 X 服从区间 $[0,1]$ 上的均匀分布，所以其概率密度为

$$f_X(x)=\begin{cases}1, & 0\leqslant x\leqslant 1\\ 0, & \text{其他}\end{cases}$$

又根据 X,Y 相互独立，所以 (X,Y) 的概率密度为

$$f(x,y)=f_X(x)f_Y(y)=\begin{cases}\dfrac{1}{2}\mathrm{e}^{-\frac{y}{2}}, & 0\leqslant x\leqslant 1, y>0\\ 0, & \text{其他}\end{cases}$$

(2) 因为 $\{$关于 a 的一元二次方程 $a^2+2Xa+Y=0$ 有实根$\}$ 等价于 $\{\Delta=4X^2-4Y\geqslant 0\}$，即 $\{X^2\geqslant Y\}$. 所以所求概率为

$$P\{\text{方程有实根}\}=P\{X^2\geqslant Y\}=\iint_{x^2\geqslant y}f(x,y)\mathrm{d}x\mathrm{d}y=\int_0^1\mathrm{d}x\int_0^{x^2}\dfrac{1}{2}\mathrm{e}^{-\frac{y}{2}}\mathrm{d}y$$

$$=1-\int_0^1\mathrm{e}^{-\frac{x^2}{2}}\mathrm{d}x=1-\sqrt{2\pi}\int_0^1\dfrac{1}{\sqrt{2\pi}}\mathrm{e}^{-\frac{x^2}{2}}\mathrm{d}x$$

$$=1-\sqrt{2\pi}[\Phi(1)-0.5].$$

38.【大纲考点】离散型随机变量及其概率分布.

【解题思路】根据行列式的计算公式确定随机变量 X 的所有可能取值，并计算相应取值的概率.

【答案解析】由 $X=\begin{vmatrix}X_1 & X_2\\ X_3 & X_4\end{vmatrix}$ 可得，先求 X 的所有可能取值为 $-1,0,1$. 又 $X=X_1X_4-X_2X_3$，

且 X_1X_4 与 X_2X_3 独立同分布,则

$$P\{X_1X_4=1\}=P\{X_2X_3=1\}=P\{X_1=1,X_4=1\}=0.4^2=0.16$$
$$P\{X_1X_4=0\}=P\{X_2X_3=0\}=1-P\{X_1=1,X_4=1\}=1-0.16=0.84$$

于是

$$P\{X=-1\}=P\{X_1X_4=0,X_2X_3=1\}=0.84\times 0.16=0.1344$$
$$P\{X=1\}=P\{X_1X_4=1,X_2X_3=0\}=0.84\times 0.16=0.1344$$
$$P\{X=0\}=1-P\{X=1\}-P\{X=-1\}=1-0.1344-0.1344=0.7312$$

得 X 的概率分布为

X	-1	0	1
P	0.1344	0.1344	0.7312

39.【大纲考点】随机变量函数的分布.

【解题思路】关于二维随机变量函数的概率分布的计算.方法一:首先写出 X,Y 的联合概率密度,而后利用分布函数法求 $Z=2X+Y$ 的分布函数 $F_Z(z)$,则分布函数 $F_Z(z)$ 的导数即为所求的概率密度;方法二:先求 $W=2X$ 的概率密度,再利用两个独立随机变量和的卷积公式直接计算 $2X+Y$ 的概率密度;方法三:变量代换法;方法四:积分转化法.

【答案解析】方法一 分布函数法.

由已知条件 X,Y 的联合概率密度为

$$f(x,y)=f_X(x)f_Y(y)=\begin{cases} e^{-y}, & 0\leqslant x\leqslant 1, 0<y \\ 0, & \text{其他} \end{cases}$$

令 $D=\{(x,y)\mid f(x,y)>0\}$.由分布函数的定义,有

$$F_Z(z)=P\{Z\leqslant z\}=P\{2X+Y\leqslant z\}=\iint\limits_{2x+y\leqslant z}f(x,y)\mathrm{d}x\mathrm{d}y$$

再令 $G_z=\{(x,y)\mid 2x+y\leqslant z\}$.于是 $F_Z(z)=\iint\limits_{D\cap G_z}e^{-y}\mathrm{d}x\mathrm{d}y$

当 $z\leqslant 0$ 时,$D\cap G_z=\varnothing$,那么 $F_Z(z)=0$;

当 $0<z\leqslant 2$ 时,$D\cap G_z=\left\{(x,y)\mid 0\leqslant x\leqslant \dfrac{z}{2},0\leqslant y\leqslant z-2x\right\}$,那么

$$F_Z(z)=\int_0^{\frac{z}{2}}\mathrm{d}x\int_0^{z-2x}e^{-y}\mathrm{d}y=\int_0^{\frac{z}{2}}(1-e^{2x-z})\mathrm{d}x=\frac{1}{2}(z-1+e^{-z})$$

当 $z>2$ 时,$D\cap G_z=\{(x,y)\mid 0\leqslant x\leqslant 1, 0\leqslant y\leqslant z-2x\}$,那么

$$F_Z(z)=\int_0^1\mathrm{d}x\int_0^{z-2x}e^{-y}\mathrm{d}y=\int_0^1(1-e^{2x-z})\mathrm{d}x=1-\frac{1}{2}e^{-z}(e^2-1)$$

因此,所求概率密度为

$$f_Z(z) = \begin{cases} 0, & z \leqslant 0 \\ \dfrac{1}{2}(1-\mathrm{e}^{-z}), & 0 < z \leqslant 2 \\ \dfrac{1}{2}(\mathrm{e}^2-1)\mathrm{e}^{-z}, & z > 2 \end{cases}$$

方法二 公式法.

令 $W = 2X$，那么 W 的分布函数为

$$F_W(w) = P\{W \leqslant w\} = P\{2X \leqslant w\} = P\left\{X \leqslant \dfrac{w}{2}\right\} = F_X\left(\dfrac{w}{2}\right)$$

从而 W 的概率密度为

$$f_W(w) = F'_W(w) = F'_X\left(\dfrac{w}{2}\right) = \dfrac{1}{2}f_X\left(\dfrac{w}{2}\right) = \begin{cases} \dfrac{1}{2}, & 0 < w < 2 \\ 0, & \text{其他} \end{cases}$$

因为 X, Y 相互独立，所以 W 与 Y 也相互独立，从而 $Z = 2X + Y = W + Y$ 的概率密度可用卷积公式计算，即

$$f_Z(z) = \int_{-\infty}^{+\infty} f_W(w) f_Y(z-w) \mathrm{d}w$$

又 $D = \{w \mid f_W(w) f_Y(z-w) \neq 0\} = \{0 < w < 2\} \cap \{w < z\}$.

若 $z \leqslant 0$，则 $D = \varnothing$，于是 $f_Z(z) = 0$；

若 $0 \leqslant z < 2$，则 $D = \{w \mid 0 < w < z\}$，得

$$f_Z(z) = \int_0^z \dfrac{1}{2}\mathrm{e}^{-(z-w)} \mathrm{d}w = \dfrac{1}{2}(1-\mathrm{e}^{-z})$$

若 $z > 2$，则 $D = \{w \mid 0 < w < 2\}$，于是

$$f_Z(z) = \int_0^2 \dfrac{1}{2}\mathrm{e}^{-(z-w)} \mathrm{d}w = \dfrac{1}{2}(\mathrm{e}^2-1)\mathrm{e}^{-z}$$

综上所述，有

$$f_Z(z) = \begin{cases} 0, & z \leqslant 0 \\ \dfrac{1}{2}(1-\mathrm{e}^{-z}), & 0 < z \leqslant 2 \\ \dfrac{1}{2}(\mathrm{e}^2-1)\mathrm{e}^{-z}, & z > 2 \end{cases}$$

方法三 变量代换法.

由已知条件可知，(X, Y) 的概率密度为 $f(x,y) = \begin{cases} \mathrm{e}^{-y}, & 0 \leqslant x \leqslant 1, y > 0 \\ 0, & \text{其他} \end{cases}$. 令 $Z = 2X + Y, T = 2X - Y$，则 $X = \dfrac{1}{4}(Z+T), Y = \dfrac{1}{2}(Z-T)$，且

$$J = \frac{\partial(x,y)}{\partial(z,t)} = \begin{vmatrix} \dfrac{1}{4} & \dfrac{1}{4} \\ \dfrac{1}{2} & -\dfrac{1}{2} \end{vmatrix} = -\dfrac{1}{4}$$

当 $0 \leqslant x \leqslant 1, y > 0$ 时,有 $0 \leqslant z+t \leqslant 4, z-t > 0$,且 (Z,T) 的概率密度为

$$f_{Z,T}(z,t) = f\left(\frac{1}{4}(z+t), \frac{1}{2}(z-t)\right)|J| = \begin{cases} \dfrac{1}{4}e^{-\frac{1}{2}(z-t)}, & 0 \leqslant z+t \leqslant 4, z-t > 0 \\ 0, & \text{其他} \end{cases}$$

当 $z \leqslant 0$ 时, $f_Z(z) = \int_{-\infty}^{+\infty} f_{Z,T}(z,t)dt = 0$;

当 $0 < z \leqslant 2$ 时, $f_Z(z) = \int_{-\infty}^{+\infty} f_{Z,T}(z,t)dt = \int_{-z}^{z} \dfrac{1}{4}e^{-\frac{1}{2}(z-t)}dt = \dfrac{1}{2}(1-e^{-z})$;

当 $z > 2$ 时, $f_Z(z) = \int_{-\infty}^{+\infty} f_{Z,T}(z,t)dt = \int_{-z}^{4-z} \dfrac{1}{4}e^{-\frac{1}{2}(z-t)}dt = \dfrac{1}{2}(e^2-1)e^{-z}$.

于是所求的概率密度为

$$f_Z(z) = \begin{cases} 0, & z \leqslant 0 \\ \dfrac{1}{2}(1-e^{-z}), & 0 < z \leqslant 2 \\ \dfrac{1}{2}(e^2-1)e^{-z}, & z > 2 \end{cases}$$

方法四 积分转化法.

因为

$$\int_{-\infty}^{+\infty}\int_{-\infty}^{+\infty} h(2x+y)f(x,y)dxdy = \int_0^1\int_0^{+\infty} h(2x+y)e^{-y}dxdy$$

$$\xrightarrow{\diamondsuit\ z=2x+y} \int_0^{+\infty}\left(\int_y^{2+y} h(z)\cdot\frac{1}{2}e^{-y}dz\right)dy$$

$$\xrightarrow{\text{交换积分次序}} \int_0^2\left(h(z)\int_0^z \frac{1}{2}e^{-y}dy\right)dz + \int_2^{+\infty} h(z)\left(\int_{z-2}^z \cdot\frac{1}{2}e^{-y}dy\right)dz$$

$$= \int_0^2 h(z)\cdot\frac{1}{2}(1-e^{-z})dz + \int_2^{+\infty} h(z)\cdot\frac{1}{2}(e^2-1)e^{-z}dz$$

所以

$$f_Z(z) = \begin{cases} 0, & z \leqslant 0 \\ \dfrac{1}{2}(1-e^{-z}), & 0 < z \leqslant 2 \\ \dfrac{1}{2}(e^2-1)e^{-z}, & z > 2 \end{cases}$$

40.【大纲考点】随机变量函数的分布.

【解题思路】关于二维随机变量函数的概率分布的计算.方法一:首先写出 X,Y 的联合概率密度,而后利用分布函数法求分布函数 $F_Z(z)$,则分布函数 $F_Z(z)$ 的导数即为所求的概率密度;

方法二：利用两个独立随机变量商的计算公式直接计算概率密度；方法三：变量代换法；方法四：积分转化法.

【答案解析】 方法一 分布函数法.

由定义知 Z 的分布函数为

$$F_Z(z) = P\{Z \leqslant z\} = P\left\{\frac{X}{Y} \leqslant z\right\} = \iint\limits_{\frac{x}{y} \leqslant z} f(x,y) \, dx \, dy$$

其中

$$f(x,y) = \begin{cases} e^{-(x+y)}, & 0 < x, 0 < y \\ 0, & \text{其他} \end{cases}$$

当 $z < 0$ 时，显然 $F_Z(z) = 0$；

当 $z \geqslant 0$ 时，有

$$F_Z(z) = \iint\limits_{\substack{\frac{x}{y} \leqslant z \\ x > 0, y > 0}} e^{-(x+y)} \, dx \, dy = \int_0^{+\infty} dx \int_{\frac{x}{z}}^{+\infty} e^{-(x+y)} \, dy = \frac{z}{1+z}$$

所以，Z 的分布函数为

$$F_Z(z) = \begin{cases} \dfrac{z}{1+z} & z > 0 \\ 0, & \text{其他} \end{cases}$$

于是所求概率密度为

$$f_Z(z) = \begin{cases} \dfrac{1}{(1+z)^2} & z > 0 \\ 0, & \text{其他} \end{cases}$$

方法二 公式法.

$$f_Z(z) = \int_{-\infty}^{+\infty} f(yz, y) \cdot |y| \, dy = \int_{-\infty}^{+\infty} f_X(yz) f_Y(y) \cdot |y| \, dy$$

$$= \int_0^{+\infty} f(yz, y) y \, dy = \begin{cases} \int_0^{+\infty} e^{-yz} \cdot e^{-y} y \, dy, & z > 0 \\ 0, & \text{其他} \end{cases}$$

$$= \begin{cases} \dfrac{1}{(1+z)^2}, & z > 0 \\ 0, & \text{其他} \end{cases}$$

方法三 变量代换法.

令 $\begin{cases} Z = \dfrac{X}{Y} \\ W = Y \end{cases}$，对应于变换 $\begin{cases} z = \dfrac{x}{y} \\ w = y \end{cases}$ 的逆变换是 $\begin{cases} x = zw \\ y = w \end{cases}$，且 $J = \dfrac{\partial(x,y)}{\partial(z,w)} = \begin{vmatrix} w & z \\ 0 & 1 \end{vmatrix} = w$，则

(Z, W) 的概率密度为

$$g(z,w) = f(zw,w)|J| = \begin{cases} |w|e^{-(z+1)w}, & zw>0, w>0 \\ 0, & \text{其他} \end{cases}$$

$$= \begin{cases} we^{-(z+1)w}, & z>0, w>0 \\ 0, & \text{其他} \end{cases}$$

所以,Z 的概率密度为

$$f_Z(z) = \int_{-\infty}^{+\infty} g(z,w)\,dw = \int_0^{+\infty} g(z,w)\,dw$$

$$= \begin{cases} \int_0^{+\infty} we^{-(z+1)w}\,dw, & z>0 \\ 0, & \text{其他} \end{cases} = \begin{cases} \dfrac{1}{(1+z)^2}, & z>0 \\ 0, & \text{其他} \end{cases}$$

方法四 积分转化法.

由于

$$\int_{-\infty}^{+\infty}\int_{-\infty}^{+\infty} h\left(\frac{x}{y}\right)f(x,y)\,dx\,dy = \int_0^{+\infty} dx \int_0^{+\infty} h\left(\frac{x}{y}\right)e^{-(x+y)}\,dy$$

$$\xrightarrow{\text{令 } z = \frac{x}{y}} \int_0^{+\infty} dy \int_0^{+\infty} h(z) \cdot y e^{-(1+z)y}\,dz$$

$$\xrightarrow{\text{交换积分次序}} \int_0^{+\infty} h(z)\,dz \int_0^{+\infty} y e^{-(1+z)y}\,dx$$

$$= \int_0^{+\infty} h(z) \cdot \frac{1}{(1+z)^2}\,dz$$

于是所求概率密度为

$$f_Z(z) = \begin{cases} \dfrac{1}{(1+z)^2}, & z>0 \\ 0, & \text{其他} \end{cases}$$

【名师评注】 分布函数法是普遍适用的方法,便于掌握,但计算二重积分要讨论积分区域,比较烦琐;公式法虽然计算简洁,但只能适用于一些特殊情况;变量代换法,虽使变换后的概率密度的积分区域易于确定、便于计算,但需要引入新的随机变量;积分转化法易于掌握,计算简便.

41.**【大纲考点】** 随机变量函数的分布.

【解题思路】 可以用分布函数法、公式法、积分转化法计算.

【答案解析】 (1) 由已知条件,有

$$f_X(x) = \int_{-\infty}^{+\infty} f(x,y)\,dy = \begin{cases} \int_0^{2x} dy, & 0<x<1 \\ 0 & \text{其他} \end{cases} = \begin{cases} 2x, & 0<x<1 \\ 0, & \text{其他} \end{cases}$$

$$f_Y(y) = \int_{-\infty}^{+\infty} f(x,y)\,dx = \begin{cases} \int_{\frac{y}{2}}^{1} dx, & 0<y<2 \\ 0, & \text{其他} \end{cases} = \begin{cases} 1-\dfrac{y}{2}, & 0<y<2 \\ 0, & \text{其他} \end{cases}$$

(2) **方法一** 分布函数法

当 $z \leqslant 0$ 时, $F_Z(z) = P\{Z \leqslant z\} = P\{2X - Y \leqslant z\} = 0$;

当 $0 < z < 2$ 时,有

$$\begin{aligned}F_Z(z) &= P\{Z \leqslant z\} = 1 - P\{Z > z\} \\ &= 1 - P\{2X - Y > z\} \\ &= 1 - \iint\limits_{2x-y>z} f(x,y)\mathrm{d}x\,\mathrm{d}y \\ &= 1 - \int_{\frac{z}{2}}^{1}\mathrm{d}x \int_{0}^{2x-z}\mathrm{d}x\,\mathrm{d}y = z - \frac{z^2}{4}\end{aligned}$$

当 $z > 2$ 时,有

$$\begin{aligned}F_Z(z) &= P\{Z \leqslant z\} = P\{2X - Y \leqslant z\} \\ &= \iint\limits_{2x-y\leqslant z} f(x,y)\mathrm{d}x\,\mathrm{d}y = \int_0^1 \mathrm{d}x \int_0^{2x} \mathrm{d}y = 1\end{aligned}$$

从而所求 Z 的概率密度为

$$f_Z(z) = \begin{cases} 1 - \dfrac{z}{2}, & 0 < z < 2 \\ 0, & \text{其他} \end{cases}$$

方法二 公式法

$$f_Z(z) = \int_{-\infty}^{+\infty} f(x, 2x - z)\mathrm{d}x = \begin{cases} \int_{\frac{z}{2}}^{1} \mathrm{d}x, & 0 < z < 2 \\ 0, & \text{其他} \end{cases}$$

$$= \begin{cases} 1 - \dfrac{z}{2}, & 0 < z < 2 \\ 0, & \text{其他} \end{cases}$$

方法三 积分转化法

因为

$$\begin{aligned}\int_{-\infty}^{+\infty}\int_{-\infty}^{+\infty} h(2x-y)f(x,y)\mathrm{d}x\,\mathrm{d}y &= \int_0^1 \mathrm{d}x \int_0^{2x} h(2x-y)\mathrm{d}y = \int_0^1 \mathrm{d}x \int_0^{2x} h(z)\mathrm{d}z \\ &= \int_0^2 h(z)\mathrm{d}z \int_{\frac{z}{2}}^1 \mathrm{d}z = \int_0^2 h(z) \cdot \left(1 - \frac{z}{2}\right)\mathrm{d}z\end{aligned}$$

所以

$$f_Z(z) = \begin{cases} 1 - \dfrac{z}{2}, & 0 < z < 2 \\ 0, & \text{其他} \end{cases}$$

42.【**大纲考点**】随机变量函数的分布.

【**解题思路**】可以用分布函数法、变量代换法、积分转化法计算.

【**答案解析**】二维随机变量 (X, Y) 的概率密度为

$$f(x,y) = \begin{cases} \dfrac{1}{2}, & 0 \leqslant x \leqslant 2, 0 \leqslant y \leqslant 1 \\ 0, & \text{其他} \end{cases}$$

又矩形面积 $S = XY$.

方法一 分布函数法.

要求 S 的概率密度,先计算其分布函数.由分布函数的定义:

当 $s \leqslant 0$ 时,事件 $\{S \leqslant 0\}$ 是一个不可能事件,所以 $F(s) = 0$;

当 $0 < s < 2$ 时,有

$$F(s) = P\{S \leqslant s\} = P\{XY \leqslant s\} = \iint\limits_{xy \leqslant s} f(x,y) \mathrm{d}x \mathrm{d}y$$

作出曲线 $xy = s$,它与矩形区域上边界的交点为 $(s,1)$,曲线分割矩形区域为两部分,求上述的概率就是计算在阴影区域(见图 2-3-1)上的积分.于是

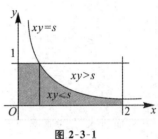

图 2-3-1

$$F(s) = \iint\limits_{xy \leqslant s} f(x,y) \mathrm{d}x \mathrm{d}y = \int_0^s \int_0^1 \frac{1}{2} \mathrm{d}x \mathrm{d}y + \int_s^2 \int_0^{\frac{s}{x}} \frac{1}{2} \mathrm{d}x \mathrm{d}y$$

$$= \frac{s}{2}(1 + \ln 2 - \ln s)$$

当 $s \geqslant 2$ 时,有

$$F(s) = \iint\limits_{xy \leqslant s} f(x,y) \mathrm{d}x \mathrm{d}y = \iint\limits_{\substack{0 \leqslant x \leqslant 2 \\ 0 \leqslant y \leqslant 1}} \frac{1}{2} \mathrm{d}x \mathrm{d}y = 1$$

综上所述

$$F(s) = \begin{cases} 0, & s \leqslant 0 \\ \frac{s}{2}(1 + \ln 2 - \ln s), & 0 < s < 2 \\ 1, & s \geqslant 2 \end{cases}$$

故得

$$f(s) = F'(s) = \begin{cases} \frac{1}{2}(\ln 2 - \ln s), & 0 < s < 2 \\ 0, & \text{其他} \end{cases}$$

方法二 变量代换法.

令 $T = X$,于是 $X = T, Y = \frac{S}{T}$,那么

$$J(x,y) = \frac{\partial(x,y)}{\partial(s,t)} = \begin{vmatrix} 0 & 1 \\ \frac{1}{t} & -\frac{s}{t^2} \end{vmatrix} = -\frac{1}{t}$$

于是

$$f_{(S,T)}(s,t) = f\left(t, \frac{s}{t}\right) |J| = \begin{cases} \frac{1}{2t}, & 0 < t \leqslant 2, 0 \leqslant s \leqslant t \\ 0, & \text{其他} \end{cases}$$

故得

$$f_S(s) = \int_{-\infty}^{+\infty} f_{(S,T)}(s,t) \mathrm{d}t = \begin{cases} \int_s^2 \frac{1}{2t} \mathrm{d}t, & 0 < s < 2 \\ 0, & \text{其他} \end{cases}$$

$$= \begin{cases} \dfrac{1}{2}(\ln 2 - \ln s), & 0 < s < 2 \\ 0, & \text{其他} \end{cases}$$

方法三 积分转化法.

因为
$$\int_{-\infty}^{+\infty}\int_{-\infty}^{+\infty} h(xy)f(x,y)\,\mathrm{d}x\,\mathrm{d}y = \int_0^2 \mathrm{d}x \int_0^1 h(xy)\,\frac{1}{2}\,\mathrm{d}y$$

$$\xrightarrow{\diamondsuit s = xy} \int_0^2 \mathrm{d}x \int_0^x h(s)\,\frac{1}{2x}\,\mathrm{d}s \xrightarrow{\text{交换积分次序}} \int_0^2 h(s)\,\mathrm{d}s \int_s^2 \frac{1}{2x}\,\mathrm{d}x$$

$$= \int_0^2 h(s) \cdot \frac{1}{2}(\ln 2 - \ln s)\,\mathrm{d}s$$

所以
$$f(s) = \begin{cases} \dfrac{1}{2}(\ln 2 - \ln s), & 0 < s < 2 \\ 0, & \text{其他} \end{cases}$$

43.【大纲考点】 随机变量函数的分布.

【解题思路】 根据事件的运算及关系进行推演.

【答案解析】 由分布函数的定义,有

$$F(x,y) = P\{Y_1 \leqslant x, Y_2 \leqslant y\} = P\{(Y_1 \leqslant x) \cap (Y_2 \leqslant y)\}$$
$$= P\{(S - (Y_1 > x)) \cap (Y_2 \leqslant y)\}$$
$$= P\{Y_2 \leqslant y\} - P\{Y_1 > x, Y_2 \leqslant y\}$$

因为当 $x \geqslant y$ 时,$\{Y_1 > x, Y_2 \leqslant y\}$ 是不可能事件,即 $P\{Y_1 > x, Y_2 \leqslant y\} = 0$;而当 $x < y$ 时,有

$$P\{Y_1 > x, Y_2 \leqslant y\} = P\{\min\{X_1, X_2\} > x, \max\{X_1, X_2\} \leqslant y\}$$
$$= P\{x < X_1 \leqslant y, x < X_2 \leqslant y\}$$
$$= P\{x < X_1 \leqslant y\} \cdot P\{x < X_2 \leqslant y\}$$
$$= [F(y) - F(x)]^2$$

又因为
$$P\{Y_2 \leqslant y\} = P\{\max\{X_1, X_2\} \leqslant y\} = P\{X_1 \leqslant y, X_2 \leqslant y\} = F^2(y)$$

所以
$$F(x,y) = \begin{cases} F^2(y) - [F(y) - F(x)]^2, & x < y \\ F^2(y), & x \geqslant y \end{cases}$$

得
$$f(x,y) = \begin{cases} 2f(x)f(y), & x < y \\ 0, & x \geqslant y \end{cases}$$

故所求概率密度为
$$f(x,y) = \begin{cases} 2, & 0 < x < y < 1 \\ 0, & \text{其他} \end{cases}$$

44.【大纲考点】 全概率公式、随机变量的独立性.

【解题思路】 注意本题涉及离散型和连续性型随机变量的混合问题概率密度的计算,需要利用

全概率公式计算随机变量的概率密度.

【答案解析】(1) 因为 X 与 Y 相互独立,所以

$$P\left\{Z \leqslant \frac{1}{2} \mid X = 0\right\} = \frac{P\left\{X=0, X+Y \leqslant \frac{1}{2}\right\}}{P\{X=0\}} = \frac{P\left\{X=0, Y \leqslant \frac{1}{2}\right\}}{P\{X=0\}}$$

$$= \frac{P\{X=0\}P\left\{Y \leqslant \frac{1}{2}\right\}}{P\{X=0\}} = P\left\{Y \leqslant \frac{1}{2}\right\}$$

$$= \int_{-\infty}^{\frac{1}{2}} f_Y(y)\mathrm{d}y = \int_0^{\frac{1}{2}} 1\mathrm{d}y = \frac{1}{2}$$

(2) 由已知条件,随机事件 $\{X=-1\}, \{X=0\}, \{X=1\}$ 构成样本空间的一个完备事件组. 那么由全概率公式及 X 与 Y 的独立性,可得

$$F_Z(z) = P\{Z \leqslant z\}$$
$$= P\{X=-1\}P\{Z \leqslant z \mid X=-1\} + P\{X=0\}P\{Z \leqslant z \mid X=0\}$$
$$\quad + P\{X=1\}P\{Z \leqslant z \mid X=1\}$$
$$= P\{X=-1\}P\{Y \leqslant z+1 \mid X=-1\} + P\{X=0\}P\{Y \leqslant z \mid X=0\}$$
$$\quad + P\{X=1\}P\{Y \leqslant z-1 \mid X=1\}$$
$$= P\{X=-1\}P\{Y \leqslant z+1\} + P\{X=0\}P\{Y \leqslant z\} + P\{X=1\}P\{Y \leqslant z-1\}$$
$$= \frac{1}{3}[F_Y(z+1) + F_Y(z) + F_Y(z-1)],$$

故所求概率密度为

$$f_Z(z) = \frac{1}{3}[F_Y(z+1) + F_Y(z) + F_Y(z-1)]'$$
$$= \frac{1}{3}[f_Y(z+1) + f_Y(z) + f_Y(z-1)]$$
$$= \begin{cases} \frac{1}{3}, & -1 \leqslant z < 2 \\ 0, & \text{其他} \end{cases}$$

45.【大纲考点】随机变量的独立性.

【解题思路】注意二维连续型随机变量独立的充分必要条件是联合概率密度等于边缘概率密度的乘积.

【答案解析】对于任意的实数 $x, y, F(x,y) = P\{X \leqslant x, Y \leqslant y\}$.

当 $x < c$ 时,$\{X \leqslant x, Y \leqslant y\} \subset \{X \leqslant x\}$,得

$$P\{X \leqslant x, Y \leqslant y\} \leqslant P\{X \leqslant x\}$$

又 $P\{X \leqslant x\} = 0$,从而有

$$F(x,y) = P\{X \leqslant x, Y \leqslant y\} = 0$$
$$F_X(x)F_Y(y) = P\{X \leqslant x\}P\{Y \leqslant y\} = 0$$

即
$$F(x,y)=F_X(x)F_Y(y)$$

当 $x \geqslant c$ 时,$\{X=c\} \subset \{X \leqslant x\}$,即 $P\{X=c\} \leqslant P\{X \leqslant x\} \leqslant 1$,从而 $P\{X \leqslant x\}=1$,也就是 $F_X(x)=1$.

又因为 $P\{X \leqslant x\}=1$,所以 $P\{X>x\}=0$,可得
$$P\{X>x,Y \leqslant y\} \leqslant P\{X>x\}=0$$

故
$$F_X(x)F_Y(y)=P\{Y \leqslant y\}=P\{X \leqslant x, Y \leqslant y\}+P\{X>x, Y \leqslant y\}$$
$$=P\{X \leqslant x, Y \leqslant y\}=F(x,y)$$

综上所述,对于任意的实数 x,y,有 $F(x,y)=F_X(x)F_Y(y)$ 成立,故 X 与任何随机变量 Y 相互独立.

第四章 随机变量的数字特征

一、选择题

1.【大纲考点】 常用分布的数字特征.

【解题思路】 根据二项分布的数学期望及方差的计算公式进行判断.

【答案解析】 应选(B).

由于 $X \sim B(n,p)$，所以 $E(X)=np$，$D(X)=np(1-p)$，将已知条件代入，得

$$\begin{cases} np = 2.4 \\ np(1-p) = 1.44 \end{cases}$$

解之得 $n=6, p=0.4$.

2.【大纲考点】 常用分布的数字特征.

【解题思路】 根据二项分布数学期望的计算公式进行判断.

【答案解析】 应选(C).

因为 $X \sim B(n,p)$，所以 $E(X)=np$，由已知 $\dfrac{1}{7} \times n = 3$，即 $n=21$.

3.【大纲考点】 常用分布的数字特征.

【解题思路】 依据二项分布的数学期望与方差计算公式及期望与方差的性质进行判断.

【答案解析】 应选(D).

因为 $X \sim B(n,p)$，所以 $E(X)=np$，$D(X)=np(1-p)$. 由数学期望与方差的性质，得

$$E(2X+1) = 2E(X)+1 = 2np+1, \quad D(2X+1) = 4D(X) = 4np(1-p)$$

4.【大纲考点】 常用分布的数字特征.

【解题思路】 根据泊松分布的数学期望与方差计算公式进行判断.

【答案解析】 应选(B).

因为 $X \sim \pi(\lambda)$，所以 $E(X)=\lambda$，$D(X)=\lambda$，故 $\dfrac{[D(X)]^2}{E(X)} = \dfrac{\lambda^2}{\lambda} = \lambda$.

5.【大纲考点】 常用分布的数字特征.

【解题思路】 根据指数分布的数学期望与方差计算公式进行判断.

【答案解析】 应选(C).

因为 $X \sim E(\lambda)$，所以 $E(X) = \dfrac{1}{\lambda}$，$D(X) = \dfrac{1}{\lambda^2}$，故 $\dfrac{D(X)}{E(X)} = \dfrac{1}{\lambda}$.

6.【大纲考点】 常用分布的数字特征.

【解题思路】 依据二项分布的数学期望与方差计算公式进行判断.

【答案解析】 应选(B).

因为 $X \sim B(n,p)$，所以 $E(X)=np$，$D(X)=np(1-p)$，故

$$\frac{D(X)}{E(X)} = \frac{np(1-p)}{np} = 1-p$$

7.【大纲考点】常用分布的数字特征.

【解题思路】根据正态分布的数学期望与方差计算公式进行计算.

【答案解析】应选(B).

因为 $X \sim N(5,25)$,所以 $E(X)=5, D(X)=25$,故 $E(X^2)=D(X)+E^2(X)=50$.

8.【大纲考点】随机变量的数字特征.

【解题思路】由已知条件将随机变量的概率密度用标准正态分布的概率密度表示,而后再按连续型随机变量数学期望的计算公式进行计算.

【答案解析】应选(C).

随机变量 X 的密度函数为

$$f(x) = F'(x) = 0.3\Phi'(x) + \frac{0.7}{2}\Phi'\left(\frac{x-1}{2}\right)$$

故

$$E(X) = \int_{-\infty}^{+\infty} xf(x)\mathrm{d}x = \int_{-\infty}^{+\infty} x\left[0.3\Phi'(x) + \frac{0.7}{2}\Phi'\left(\frac{x-1}{2}\right)\right]\mathrm{d}x$$

$$= 0.3\int_{-\infty}^{+\infty} x\Phi'(x)\mathrm{d}x + \frac{0.7}{2}\int_{-\infty}^{+\infty} x\Phi'\left(\frac{x-1}{2}\right)\mathrm{d}x$$

$$= 0.3\int_{-\infty}^{+\infty} x\Phi'(x)\mathrm{d}x + 0.7\int_{-\infty}^{+\infty}(2u+1)\Phi'(u)\mathrm{d}u = 0.7$$

9.【大纲考点】随机变量的数字特征及性质.

【解题思路】根据随机变量方差的性质进行计算.

【答案解析】应选(D).

由方差的性质,得

$$D(3X-2Y) = 9D(X) + 4D(Y) = 36 + 8 = 44$$

10.【大纲考点】随机变量的数字特征及性质.

【解题思路】根据题干及备选项知,可以采用赋值法或推证法计算.

【答案解析】应选(D).

方法一　赋值法.

注意常数 C 的任意性,取 $C=0$,可知选项(B)不正确.再取 $C=\mu$,可知(C)不正确.又

$$E(X-C)^2 = E(X^2) - 2CE(X) + C^2 = E(X^2) - 2C\mu + C^2$$

所以选项(A)不正确.

方法二　推证法.

因为
$$E(X-C)^2 = E[(X-\mu)+(\mu-C)]^2$$
$$= E(X-\mu)^2 + 2(\mu-C)E(X-\mu) + (\mu-C)^2$$
$$= E(X-\mu)^2 + (\mu-C)^2 \geqslant E(X-\mu)^2$$

所以 $E(X-C)^2 \geqslant E(X-\mu)^2$.

11. **【大纲考点】** 随机变量的数学期望及性质.

   【解题思路】 本题的关键是随机变量 U,V 分别表示为
   $$\frac{X+Y}{2}+\frac{|X-Y|}{2},\frac{X+Y}{2}-\frac{|X-Y|}{2}$$

   【答案解析】 应选(B).

   由于
   $$U=\max\{X,Y\}=\frac{X+Y}{2}+\frac{|X-Y|}{2}$$
   $$V=\min\{X,Y\}=\frac{X+Y}{2}-\frac{|X-Y|}{2}$$

   可得
   $$UV=\left(\frac{X+Y}{2}+\frac{|X-Y|}{2}\right)\left(\frac{X+Y}{2}-\frac{|X-Y|}{2}\right)$$
   $$=\frac{(X+Y)^2}{4}-\frac{|X-Y|^2}{4}=XY$$

   故
   $$E(UV)=E(XY)=E(X)E(Y)$$

12. **【大纲考点】** 随机变量的协方差及其性质.

   【解题思路】 利用随机变量 $X_1,X_2,\cdots,X_n$ 相互独立及协方差的性质进行判断.

   【答案解析】 应选(A).

   因为 $X_1,X_2,\cdots,X_n$ 独立,所以 $\mathrm{Cov}(X_i,X_j)=0(i\neq j)$,故
   $$\mathrm{Cov}(X_1,Y)=\mathrm{Cov}\left(X_1,\frac{1}{n}\sum_{i=1}^n X_i\right)=\frac{1}{n}\sum_{i=1}^n\mathrm{Cov}(X_1,X_i)$$
   $$=\frac{1}{n}\mathrm{Cov}(X_1,X_1)=\frac{1}{n}D(X_1)=\frac{\sigma^2}{n}$$

   【名师评注】 由方差的性质,可得
   $$D(X_1+Y)=D(X_1)+D(Y)+2\mathrm{Cov}(X_1,Y)$$
   $$=\sigma^2+\frac{\sigma^2}{n}+2\times\frac{\sigma^2}{n}=\frac{n+3}{n}\sigma^2$$
   $$D(X_1-Y)=D(X_1)+D(Y)-2\mathrm{Cov}(X_1,Y)$$
   $$=\sigma^2+\frac{\sigma^2}{n}-2\times\frac{\sigma^2}{n}=\frac{n-1}{n}\sigma^2$$

13. **【大纲考点】** 随机变量的相关系数.

   【解题思路】 由题干及备选项知,可用排除法或推演法进行判断.

   【答案解析】 应选(D).

   方法一 排除法.

   设 $Y=aX+b$,由于 $\rho_{XY}=1$,从而 X 与 Y 正相关,得 $a>0$,故排除(A),(C).又 $E(Y)=E(aX+b)=aE(X)+b$,则由已知条件 $1=a\times 0+b$,得 $b=1$,故排除(B).

方法二 推演法.

先确定常数 b. 由已知随机变量 $X \sim N(0,1), Y \sim N(1,4)$, 知 $E(X)=0, E(Y)=1$. 如果 $P\{Y=aX+b\}=1$ 成立, 则有
$$E(Y) = E(aX+b) = aE(X) + b$$
可得 $b=1$.

再确定 a. 因为 $\rho_{XY}=1$, 则由相关系数的计算公式 $\rho_{XY} = \dfrac{\text{Cov}(X,Y)}{\sqrt{D(X)}\sqrt{D(Y)}}$ 可得
$$\text{Cov}(X,Y) = \rho_{XY}\sqrt{D(X)}\sqrt{D(Y)} = \sqrt{D(X)}\sqrt{D(Y)}$$
即可得 $E(XY)=2$, 于是 $E(aX^2+bX)=2$, 故 $aE(X^2)=aD(X)=2$, 即 $a=2$.

【名师评注】 上述求解过程中将 $P\{Y=aX+b\}=1$ 理解为 $Y=aX+b$ 来计算, 事实上, 可以证明: 若 $P\{Y_1=aX+b\}=1, Y_2=aX+b$, 则 $E(Y_1)=E(Y_2), D(Y_1)=D(Y_2)$. 这就是说在求数学期望、方差、协方差过程中, 可将 Y_1 与 Y_2 等同看待. 进一步可以证明:

$\rho_{XY}=1$ 的充分必要条件是 $P\left\{\dfrac{Y-E(Y)}{\sqrt{D(Y)}} = \dfrac{X-E(X)}{\sqrt{D(X)}}\right\}=1$;

$\rho_{XY}=-1$ 的充分必要条件是 $P\left\{\dfrac{Y-E(Y)}{\sqrt{D(Y)}} = -\dfrac{X-E(X)}{\sqrt{D(X)}}\right\}=1$.

14.【大纲考点】 随机变量的协方差及其性质.

【解题思路】 两个随机变量不相关的充分必要条件是它们的相关系数等于零, 也就是它们的协方差等于零.

【答案解析】 应选(B).

由于
$$\text{Cov}(U,V) = \text{Cov}(X+Y, X-Y) = \text{Cov}(X,X) - \text{Cov}(X,Y) + \text{Cov}(X,Y) - \text{Cov}(Y,Y)$$
$$= \text{Cov}(X,X) - \text{Cov}(Y,Y) = D(X) - D(Y)$$

故 $\text{Cov}(U,V)=0$ 的充分必要条件是 $D(X)-D(Y)=0$, 也就是 $D(X)=D(Y)$, 即
$$E(X^2) - E^2(X) = E(Y^2) - E^2(Y)$$

15.【大纲考点】 二维正态分布、随机变量的独立性、相关系数.

【解题思路】 根据二维正态分布随机变量 (X,Y) 中, X 与 Y 不相关等价于 X 与 Y 相互独立进行判断.

【答案解析】 应选(A).

由于二维正态分布随机变量 (X,Y) 中, X 与 Y 不相关, 故 X 与 Y 相互独立, 从而随机变量 (X,Y) 的概率密度为
$$f(x,y) = f_X(x) f_Y(y)$$
再由条件概率密度的定义知, 在 $Y=y$ 的前提下, X 的条件概率密度 $f_{X|Y}(x \mid y)$ 为

$$f_{X|Y}(x \mid y) = \frac{f(x,y)}{f_Y(y)} = f_X(x)$$

16.【大纲考点】随机变量的相关系数.

【解题思路】先根据已知条件写出随机变量 X,Y 的关系式,然后计算 X,Y 的方差、协方差及相关系数.

【答案解析】应选(A).

由已知条件得 $X+Y=n$,即 $Y=-X+n$.故
$$D(Y) = D(-X+n) = D(X)$$
$$\text{Cov}(X,Y) = \text{Cov}(X,-X) + \text{Cov}(X,n) = -D(X)$$

于是
$$\rho_{XY} = \frac{\text{Cov}(X,Y)}{\sqrt{D(X)}\sqrt{D(Y)}} = \frac{-D(X)}{\sqrt{D(X)}\sqrt{D(X)}} = -1$$

17.【大纲考点】随机变量的方差、协方差.

【解题思路】根据方差与协方差的关系进行判断.

【答案解析】应选(B).

由于
$$D(X+Y) = D(X) + D(Y) + 2\text{Cov}(X,Y)$$
$$D(X-Y) = D(X) + D(Y) - 2\text{Cov}(X,Y)$$

再根据已知条件 $D(X+Y)=D(X-Y)$ 得 $\text{Cov}(X,Y)=0$,从而 X,Y 不相关.

18.【大纲考点】随机变量的协方差.

【解题思路】根据协方差的计算公式及相关性的概念进行判断.

【答案解析】应选(C).

$$\text{Cov}(U,V) = \text{Cov}(X+Y, X-Y) = \text{Cov}(X+Y, X) - \text{Cov}(X+Y, Y)$$
$$= \text{Cov}(X,X) + \text{Cov}(Y,X) - \text{Cov}(X,Y) - \text{Cov}(Y,Y)$$
$$= D(X) - D(Y) = 0$$

19.【大纲考点】随机变量的方差、协方差.

【解题思路】根据方差及协方差的计算公式和性质进行判断.

【答案解析】应选(C).

由已知条件可得 $\text{Cov}(X,Y) = E(XY) - E(X)E(Y) = 0$,于是
$$D(X+Y) = D(X) + D(Y) + 2\text{Cov}(X,Y) = D(X) + D(Y)$$

二、填空题

20.【大纲考点】离散型随机变量分布律的性质、随机变量函数的数学期望.

【解题思路】先根据离散型随机变量概率分布的性质计算常数 C,再根据方差的计算公式计算 $E(X^2)$.

【答案解析】应填2.

由离散型随机变量概率分布的性质知 $\sum_{k=0}^{+\infty} P\{X=k\} = 1$,又

$$\sum_{k=0}^{+\infty} P\{X=k\} = \sum_{k=0}^{+\infty} \frac{C}{k!} = C\sum_{k=0}^{+\infty} \frac{1}{k!} = Ce$$

故 $Ce=1$,即 $C=e^{-1}$.从而 X 服从参数为1的泊松分布,于是 $E(X)=D(X)=1$,进而

$$E(X^2)=D(X)+[E(X)]^2=2$$

21.【大纲考点】泊松分布及其数字特征.

【解题思路】利用方差的计算公式及泊松分布的数字特征进行计算.

【答案解析】应填 $\frac{1}{2e}$.

随机变量 X 服从参数为1的泊松分布,则 $P\{X=k\}=\frac{1}{k!}e^{-1},k=0,1,2,\cdots$.因此

$$E(X^2)=D(X)+E^2(X)=1+1^2=2$$

故

$$P\{X=E(X^2)\}=P\{X=2\}=\frac{1}{2!}e^{-1}=\frac{1}{2e}$$

22.【大纲考点】随机变量函数的数学期望.

【解题思路】利用随机变量函数的数学期望的公式进行计算.

【答案解析】应填 $2e^2$.

由随机变量函数的数学期望公式,有

$$E(Xe^{2X})=\int_{-\infty}^{+\infty} xe^{2x}\varphi(x)dx = \int_{-\infty}^{+\infty} xe^{2x}\frac{1}{\sqrt{2\pi}}e^{-\frac{x^2}{2}}dx = e^2\int_{-\infty}^{+\infty} x\cdot \frac{1}{\sqrt{2\pi}}e^{-\frac{(x-2)^2}{2}}dx = 2e^2$$

【名师评注】 $\int_{-\infty}^{+\infty} x\cdot \frac{1}{\sqrt{2\pi}}e^{-\frac{(x-2)^2}{2}}dx$ 可看作正态分布 $N(2,1)$ 的数学期望.

23.【大纲考点】均匀分布、随机变量的协方差.

【解题思路】先根据已知条件写出随机变量之间的函数关系,再计算它们的协方差.

【答案解析】应填0.

由已知条件 $Y=|X-a|$,且

$$f_X(x)=\begin{cases} \frac{1}{2}, & -1\leqslant x\leqslant 1 \\ 0, & 其他 \end{cases}$$

由数学期望的计算公式,有

$$E(X)=\int_{-\infty}^{+\infty} xf_X(x)dx = \int_{-1}^{1} x\cdot \frac{1}{2}dx = 0$$

$$E(XY)=E(X|X-a|)=\int_{-\infty}^{+\infty} x|x-a|f_X(x)dx = \int_{-1}^{1} x|x-a|\cdot \frac{1}{2}dx$$

$$=\frac{1}{2}\int_{-1}^{a} x(a-x)dx + \frac{1}{2}\int_{a}^{1} x(x-a)dx = \frac{a}{6}(a^2-3)$$

若 X 与 Y 不相关,则 $\text{Cov}(X,Y)=E(XY)-E(X)E(Y)=0$,即 $\frac{a}{6}(a^2-3)=0$,解之得

$a=0,a=\pm\sqrt{3}$(舍去).

24.【大纲考点】均匀分布、条件分布、随机变量函数的数学期望.

【解题思路】利用二维随机变量联合概率密度与条件概率密度的关系、随机变量函数的数学期望进行计算.

【答案解析】应填 1.

由已知条件可知

$$f(x,y)=f_X(x)f_{Y|X}(y\mid x)=\begin{cases} x\mathrm{e}^{-xy}, & 1<x<2,y>0 \\ 0, & \text{其他} \end{cases}$$

故 $E(XY)=\int_{-\infty}^{+\infty}\int_{-\infty}^{+\infty}xyf(x,y)\mathrm{d}x\mathrm{d}y=\int_1^2\mathrm{d}x\int_0^{+\infty}xy\cdot x\mathrm{e}^{-xy}\mathrm{d}x\mathrm{d}y=\int_1^2 x\cdot\frac{1}{x}\mathrm{d}x=1$

25.【大纲考点】二维正态分布.

【解题思路】根据二维正态分布中参数的意义进行计算.

【答案解析】应填 $\mu(\sigma^2+\mu^2)$.

随机变量(X,Y)服从二维正态分布 $N(\mu,\mu;\sigma^2,\sigma^2;0)$,则 $X\sim N(\mu,\sigma^2),Y\sim N(\mu,\sigma^2)$. 于是 $E(X)=E(Y)=\mu,D(X)=D(Y)=\sigma^2$.

由已知条件 $\rho=0$ 可知 X 与 Y 相互独立,进而 X 与 Y^2 相互独立.于是

$$E(XY^2)=E(X)E(Y^2)=E(X)[D(Y)+E^2(Y)]=\mu(\sigma^2+\mu^2)$$

26.【大纲考点】正态分布、随机变量的独立性、方差的性质.

【解题思路】利用随机变量的独立性及方差的性质进行计算.

【答案解析】应填 $\frac{1}{2}$.

因为 X_1,X_2,X_3 相互独立,所以 X_1^2,X_2^2,X_3^2 相互独立.又 $E(X_i)=0$,故 $E(X_i^2)=D(X_i)=\sigma^2$.于是

$$D(Y)=D(X_1X_2X_3)=E(X_1^2X_2^2X_3^2)-E^2(X_1X_2X_3)$$

$$=E(X_1^2)E(X_2^2)E(X_3^2)-E^2(X_1)E^2(X_2)E^2(X_3)=(\sigma^2)^3=\frac{1}{8}$$

故而 $\sigma^2=\frac{1}{2}$.

27.【大纲考点】随机变量的协方差及其性质.

【解题思路】根据协方差的性质计算.

【答案解析】应填 $\frac{1}{n}\sigma^2$.

由已知条件可得 X_1 与 $X_i(i\geq 2)$ 独立,所以

$$\mathrm{Cov}\left(X_1,\frac{1}{n}\sum_{i=1}^n X_i\right)=\frac{1}{n}\mathrm{Cov}\left(X_1,\sum_{i=1}^n X_i\right)=\frac{1}{n}\left[\mathrm{Cov}(X_1,X_1)+\mathrm{Cov}\left(X_1,\sum_{i=2}^n X_i\right)\right]$$

$$= \frac{1}{n}\left[\text{Cov}(X_1, X_1) + \sum_{i=2}^{n}\text{Cov}(X_1, X_i)\right] = \frac{1}{n}D(X_1) + 0 = \frac{1}{n}\sigma^2$$

28.【大纲考点】二项分布的数字特征、相关系数.

【解题思路】利用二项分布的数字特征、协方差与相关系数的公式进行计算.

【答案解析】应填 1.

由已知条件,可得 $D(X) = D(Y) = \frac{1}{2} \times \frac{1}{2} = \frac{1}{4}$,而

$$D(X+Y) = D(X) + D(Y) + 2\text{Cov}(X,Y) = 2D(X) + 2\text{Cov}(X,Y)$$

由已知条件 $D(X+Y) = 1$,得 $\frac{1}{4} + \frac{1}{4} + 2\text{Cov}(X,Y) = 1$,即 $\text{Cov}(X,Y) = \frac{1}{4}$.故

$$\rho_{XY} = \frac{\text{Cov}(X,Y)}{\sqrt{D(X)}\sqrt{D(Y)}} = \frac{\frac{1}{4}}{\sqrt{\frac{1}{4}} \times \sqrt{\frac{1}{4}}} = 1$$

29.【大纲考点】随机变量的协方差、相关系数.

【解题思路】根据协方差的性质与相关系数的公式计算.

【答案解析】应填 $\frac{1}{2}$.

由已知条件,可得

$$D(X_1 + X_2) = D(X_1) + D(X_2) = \sigma^2 + \sigma^2 = 2\sigma^2$$

$$D(X_2 + X_3) = D(X_2) + D(X_3) = \sigma^2 + \sigma^2 = 2\sigma^2$$

$$\text{Cov}(X_1 + X_2, X_2 + X_3) = \text{Cov}(X_1, X_2) + \text{Cov}(X_1, X_3) + \text{Cov}(X_2, X_2) + \text{Cov}(X_2, X_3)$$

$$= 0 + 0 + \sigma^2 + 0 = \sigma^2$$

故

$$\rho_{XY} = \frac{\text{Cov}(X_1 + X_2, X_2 + X_3)}{\sqrt{D(X_1 + X_2)}\sqrt{D(X_2 + X_3)}} = \frac{\sigma^2}{\sqrt{2\sigma^2} \times \sqrt{2\sigma^2}} = \frac{1}{2}$$

三、解答题

30.【大纲考点】离散型随机变量的概率分布、随机变量的数学期望.

【解题思路】首先计算随机变量的分布律,而后根据数学期望的定义进行计算.

【答案解析】根据已知条件,有

$$P\{X=1\} = \frac{C_3^1 \times 3^2 + C_3^2 \times C_3^1 + C_3^3}{4^3} = \frac{37}{64}$$

$$P\{X=2\} = \frac{C_3^1 \times 2^2 + C_3^2 \times C_3^1 + C_3^3}{4^3} = \frac{19}{64}$$

$$P\{Y=3\} = \frac{C_3^1 + C_3^2 + C_3^3}{4^3} = \frac{7}{64}$$

$$P\{X=4\} = \frac{1}{4^3} = \frac{1}{64}$$

于是 X 的概率分布为

X	1	2	3	4
P	$\frac{37}{64}$	$\frac{19}{64}$	$\frac{7}{64}$	$\frac{1}{64}$

故 $$E(X) = \sum_{i=1}^{4} iP\{X=i\} = 1 \times \frac{37}{64} + 2 \times \frac{19}{64} + 3 \times \frac{7}{64} + 4 \times \frac{1}{64} = \frac{25}{16}$$

31.【大纲考点】离散型随机变量的概率分布、随机变量的数学期望.

【解题思路】对于离散型随机变量 X，需要先求出它的概率分布，再根据数学期望的定义进行计算.

【答案解析】由题意，X 可能的取值为 $2,3,4,5$. 设 $A_i = \{$第 i 次取到次品$\}$, $i=1,2,3,4,5$，则

$$P\{X=2\} = P(A_1 A_2) = P(A_1)P(A_2 \mid A_1) = \frac{2}{5} \times \frac{1}{4} = 0.1$$

$$P\{X=3\} = P(A_1 \overline{A}_2 A_3 + \overline{A}_1 A_2 A_3) = P(A_1 \overline{A}_2 A_3) + P(\overline{A}_1 A_2 A_3)$$

$$= P(A_1)P(\overline{A}_2 \mid A_1)P(A_3 \mid A_1 \overline{A}_2) + P(\overline{A}_1)P(A_2 \mid \overline{A}_1)P(A_3 \mid \overline{A}_1 A_2)$$

$$= \frac{2}{5} \times \frac{3}{4} \times \frac{1}{3} + \frac{3}{5} \times \frac{2}{4} \times \frac{1}{3} = 0.2$$

类似可得 $P\{X=4\}=0.3$, $P\{X=5\}=0.4$. 故 X 的分布律为

X	2	3	4	5
P	0.1	0.2	0.3	0.4

于是所需检验次数 X 的数学期望为

$$E(X) = \sum_{i=2}^{5} iP\{X=i\} = 2 \times 0.1 + 3 \times 0.2 + 4 \times 0.3 + 5 \times 0.4 = 4$$

32.【大纲考点】随机变量的数学期望.

【解题思路】根据已知条件先计算随机变量的分布函数，再求概率密度，最后根据连续型随机变量数学期望的计算公式进行计算.

【答案解析】设发现沉船所需要的时间为 T，则 $P\{T \leqslant 0\} = 0$. 由题意，有

$$P\{T \leqslant t\} = P\{0 < T \leqslant t\} + P\{T \leqslant 0\} = 1 - e^{-\lambda t}$$

于是 T 的分布函数为

$$F(t) = \begin{cases} 1 - e^{-\lambda t}, & t > 0 \\ 0, & t \leqslant 0 \end{cases}$$

因此 T 的概率密度为

$$f(t) = \begin{cases} \lambda e^{-\lambda t}, & t > 0 \\ 0, & t \leqslant 0 \end{cases}$$

故发现沉船所需要的平均时间为

$$E(T) = \int_{-\infty}^{+\infty} t \cdot f(t) \mathrm{d}t = \int_{0}^{+\infty} t \cdot \lambda \mathrm{e}^{-\lambda t} \mathrm{d}t = \frac{1}{\lambda}$$

33.【大纲考点】随机变量的数学期望、方差.

【解题思路】根据已知条件,开机后第一次停机时已经生产的产品数 X 服从参数为 p 的几何分布.

【答案解析】设每个产品合格的概率为 $q = 1 - p$. X 的所有可能取值:$1,2,\cdots$.令 $\{X = k\}$ 表示第 k 件产品是开机后的第一件不合格品,此前 $k - 1$ 件产品均为合格品,其概率分布为

$$P\{X = k\} = q^{k-1} p \quad (k = 1, 2, \cdots)$$

于是

$$E(X) = \sum_{k=1}^{+\infty} k q^{k-1} p = p \sum_{k=1}^{+\infty} (q^k)' = p \left(\frac{q}{1-q} \right)' = \frac{1}{p}$$

$$E(X^2) = \sum_{k=1}^{+\infty} k^2 q^{k-1} p = p \sum_{k=1}^{+\infty} (k^2 - k + k) q^{k-1}$$

$$= pq \sum_{k=1}^{+\infty} k(k-1) q^{k-2} + \sum_{k=1}^{+\infty} k q^{k-1} p = pq \left(\frac{q}{1-q} \right)'' + \frac{1}{p}$$

$$= \frac{2-p}{p^2}$$

进而

$$D(X) = E(X^2) - E^2(X) = \frac{2-p}{p^2} - \frac{1}{p^2} = \frac{q}{p^2}$$

34.【大纲考点】随机变量的数学期望.

【解题思路】将一个比较复杂的随机变量分解为若干个简单随机变量之和,而在计算期望时就可利用它的性质,从而达到简化计算的目的.

【答案解析】设 X 为查得的不合格品数,令

$$X_i = \begin{cases} 1, & \text{第 } i \text{ 件为不合格品} \\ 0, & \text{第 } i \text{ 件为合格品} \end{cases}, i = 1, 2, \cdots, 100$$

则

$$X = X_1 + X_2 + \cdots + X_{100}$$

又因为 X_i 的分布律为

$$P\{X_i = 0\} = \frac{9}{10}, P\{X_i = 1\} = \frac{1}{10}$$

所以

$$E(X_i) = \frac{1}{10}, i = 1, 2, \cdots, 100$$

故

$$E(X) = E(X_1 + X_2 + \cdots + X_{100}) = 100 \times \frac{1}{10} = 10$$

35.【大纲考点】随机变量的数学期望、方差.

【解题思路】先计算随机变量的概率分布,再根据离散型随机变量数学期望及方差的计算公式求解.

【答案解析】(1) 打不开门上锁的钥匙除去的情况下,所需试开次数 X 的可能取值为 $1,2,\cdots,n$.

注意到 $X=i$ 意味着从第 1 次到第 $i-1$ 次均未能打开,第 i 次才打开,于是随机变量 X 的概率分布为

$$P\{X=i\}=\frac{1}{n}, \quad i=1,2\cdots n$$

由数学期望的定义,有

$$E(X)=\sum_{i=1}^{n}iP\{X=i\}=\sum_{i=1}^{n}i\frac{1}{n}=\frac{n+1}{2}$$

又

$$E(X^2)=\sum_{i=1}^{n}i^2 P\{X=i\}=\frac{1}{n}\sum_{i=1}^{n}i^2$$

$$=\frac{1}{n}\cdot\frac{n(n+1)(2n+1)}{6}=\frac{(n+1)(2n+1)}{6}$$

故

$$D(X)=E(X^2)-E^2(X)=\frac{(n+1)(2n+1)}{6}-\frac{(n+1)^2}{4}=\frac{n^2-1}{12}$$

(2) 由于试开不能打开锁后,钥匙仍放回,故 X 的可能取值为 $1,2,\cdots,n,\cdots$,其分布律为

$$P\{X=i\}=\frac{1}{n}\left(\frac{n-1}{n}\right)^{i-1}, \quad i=1,2\cdots n,\cdots$$

于是

$$E(X)=\sum_{i=1}^{+\infty}iP\{X=i\}=\sum_{i=1}^{+\infty}i\frac{1}{n}\left(\frac{n-1}{n}\right)^{i-1}$$

$$=\frac{1}{n}\left[\frac{1}{1-\left(\frac{n-1}{n}\right)}\right]^{2}=n$$

又

$$E(X^2)=\sum_{i=1}^{+\infty}i^2 P\{X=i\}=\sum_{i=1}^{+\infty}i^2\frac{1}{n}\left(\frac{n-1}{n}\right)^{i-1}=n^2\left(1+\frac{n-1}{n}\right)$$

故

$$D(X)=E(X^2)-E^2(X)=n^2\left(1+\frac{n-1}{n}\right)-n^2=n(n-1)$$

36.【大纲考点】随机变量的数学期望、方差.

【解题思路】设法将 X 分解为若干个 0-1 分布的随机变量之和.

【答案解析】设两个序号恰好一致的数对个数为 X,若直接计算 $E(X),D(X)$,则计算较为困难,为此将 X 分解.令

$$X_i=\begin{cases}1, & \text{第 } i \text{ 个小球装入第 } i \text{ 个盒子} \\ 0, & \text{第 } i \text{ 个小球未装入第 } i \text{ 个盒子}\end{cases}, \quad i=1,2,\cdots,n$$

则

$$X=X_1+X_2+\cdots+X_n$$

且

$$P(X_i=0)=1-\frac{1}{n}, \qquad P(X_i=1)=\frac{1}{n}$$

$$P(X_iX_j=0)=1-\frac{1}{n(n-1)}, \qquad P(X_iX_j=1)=\frac{1}{n(n-1)}, i\neq j$$

可得

$$E(X_i)=\frac{1}{n}, E(X_iX_j)=\frac{1}{n(n-1)}, \quad i,j=1,2,\cdots,n, i\neq j$$

故
$$E(X) = E(X_1 + X_2 + \cdots + X_n)$$
$$= E(X_1) + E(X_2) + \cdots + E(X_n) = n \times \frac{1}{n} = 1$$
$$E(X^2) = E(X_1 + X_2 + \cdots + X_n)^2 = E\left(\sum_{i=1}^n X_i^2 + 2\sum_{1 \leqslant i < j \leqslant n} X_i X_j\right)$$
$$= \sum_{i=1}^n E(X_i^2) + 2\sum_{1 \leqslant i < j \leqslant n} E(X_i X_j)$$
$$= n \times \frac{1}{n} + 2 \times C_n^2 \times \frac{1}{n(n-1)} = 2$$
$$D(X) = E(X^2) - E^2(X) = 1$$

37.【大纲解析】随机变量的数学期望、方差.

【解题思路】设法将 X 分解为若干个 0-1 分布的随机变量之和.

【答案解析】设在盒中剩余的卡片中,仍然成对的数为 X,令
$$X_i = \begin{cases} 1, & \text{第 } i \text{ 对仍留在盒中} \\ 0, & \text{第 } i \text{ 对至少有一张未留在盒中} \end{cases}, \quad i = 1, 2, \cdots, N$$

则
$$X = X_1 + X_2 + \cdots + X_N$$

又因为
$$P(X_i = 1) = \frac{C_{2N-2}^m}{C_{2N}^m} = \frac{(2N-m)(2N-m-1)}{(2N)(2N-1)}$$
$$P(X_i = 0) = 1 - P(X_i = 1) = 1 - \frac{(2N-m)(2N-m-1)}{(2N)(2N-1)}$$

所以
$$E(X_i) = \frac{(2N-m)(2N-m-1)}{(2N)(2N-1)}, i = 1, 2, \cdots, N$$

故
$$E(X) = E(X_1 + X_2 + \cdots + X_N) = N \times \frac{(2N-m)(2N-m-1)}{(2N)(2N-1)}$$
$$= \frac{(2N-m)(2N-m-1)}{2(2N-1)}$$

38.【大纲考点】随机变量函数的数学期望.

【解题思路】先找出利润与每周生产产品数量之间的关系,再求销售利润最大时的生产量,即求利润期望的最大值点.

【答案解析】设每周产量为 N,则每周的利润为
$$T = \begin{cases} (C_2 - C_1)N, & Q > N \\ C_2 Q - C_1 N - C_3(N - Q), & Q \leqslant N \end{cases} = \begin{cases} 6N, & Q > N \\ 10Q - 4N, & Q \leqslant N \end{cases}$$

利润的期望值为

$$E(T) = 6NP\{Q > N\} + (10Q - 4N)P\{Q \leqslant N\}$$

$$= 6N \sum_{n=N+1}^{5} \frac{1}{5} + 10 \sum_{n=1}^{N} n \cdot \frac{1}{5} - 4N \sum_{n=1}^{N} \frac{1}{5}$$

$$= \frac{6}{5}N(5-N) + \frac{10}{5} \cdot \frac{N(N+1)}{2} - \frac{4}{5}N^2$$

$$= 7N - N^2$$

令 $\dfrac{dE(T)}{dN} = 7 - 2N = 0$, 则 $N = \dfrac{7}{2}$. 又 $\dfrac{d^2 E(T)}{dN^2} = -2 < 0$, 即当 $N = 3.5$ 时,所期望的利润达到最大值,由于需求量 Q 与生产量 N 应取整数,且 $E(T)|_{N=3} = E(T)|_{N=4} = 12$,所以取 $N=3$ 或 $N=4$,此时利润的最大期望值为 12 元.

39.【大纲考点】 随机变量函数的数学期望.

【解题思路】 建立商店每周的收入与每周进货量 X 与顾客的需求量 Y 之间的关系.

【答案解析】 设该商店每周的收入为 Z,由题意得

$$Z = g(X, Y) = \begin{cases} 1\,000Y, & X \geqslant Y \\ 1\,000X + 500(Y - X), & X < Y \end{cases}$$

$$= \begin{cases} 1\,000Y, & X \geqslant Y \\ 500(X + Y), & X < Y \end{cases}$$

又因为 X 与 Y 相互独立,且都在 $[10, 20]$ 上服从均匀分布,所以

$$f(x, y) = f_X(x) f_Y(y) = \begin{cases} \dfrac{1}{100}, & 10 \leqslant x \leqslant 20, 10 \leqslant y \leqslant 20 \\ 0, & \text{其他} \end{cases}$$

因此

$$E(Z) = \int_{-\infty}^{+\infty} \int_{-\infty}^{+\infty} g(x, y) f(x, y) dx$$

$$= \int_{10}^{20} dx \int_{10}^{x} 1\,000 y \cdot \frac{1}{100} dy + \int_{10}^{20} dx \int_{x}^{20} 500(x+y) \cdot \frac{1}{100} dy = 14\,166.67$$

40.【大纲考点】 随机变量函数的数学期望.

【解题思路】 注意本题不必计算边缘分布及随机变量函数的概率密度,只要按照随机变量函数的期望的计算方法进行计算即可.

【答案解析】 由已知条件,可得

$$E(X) = \int_{-\infty}^{+\infty} \int_{-\infty}^{+\infty} x f(x, y) dx dy = \int_{0}^{+\infty} dy \int_{0}^{+\infty} \frac{x}{y} e^{-(y + \frac{x}{y})} dx = \int_{0}^{+\infty} y e^{-y} dy = 1$$

$$E(Y) = \int_{-\infty}^{+\infty} \int_{-\infty}^{+\infty} y f(x, y) dx dy = \int_{0}^{+\infty} dy \int_{0}^{+\infty} e^{-(y + \frac{x}{y})} dx = \int_{0}^{+\infty} y e^{-y} dy = 1$$

$$E(XY) = \int_{-\infty}^{+\infty} \int_{-\infty}^{+\infty} xy f(x, y) dx dy = \int_{0}^{+\infty} dy \int_{0}^{+\infty} x e^{-(y + \frac{x}{y})} dx = \int_{0}^{+\infty} y^2 e^{-y} dy = 2$$

41.【大纲考点】 连续型随机变量的概率密度,随机变量函数的数学期望.

【解题思路】先根据已知条件计算随机变量的分布函数,再求概率密度,最后求它们的数学期望.

【答案解析】(1) 由已知,X 概率密度和分布函数分别为

$$f_X(x) = \begin{cases} e^{-x}, & x > 0 \\ 0, & \text{其他} \end{cases}, F_X(x) = \begin{cases} 1-e^{-x}, & x > 0 \\ 0, & \text{其他} \end{cases}$$

又 X 和 Y 独立同分布,则

$$F_V(v) = P\{V \leqslant v\} = P\{\min(X,Y) \leqslant v\} = 1 - P\{\min(X,Y) > v\}$$

$$= 1 - P\{X > v, Y > v\} = 1 - [1 - P\{X \leqslant v\}][1 - P\{Y \leqslant v\}]$$

$$= 1 - [1 - F_X(v)]^2 = \begin{cases} 1-e^{-2v}, & v > 0 \\ 0, & \text{其他} \end{cases}$$

故

$$f_V(v) = F_V'(v) = \begin{cases} 2e^{-2v}, & v > 0 \\ 0, & \text{其他} \end{cases}$$

(2) 方法一

$$F_U(u) = P\{U \leqslant u\} = P\{\max(X,Y) \leqslant u\} = P\{X \leqslant u, Y \leqslant u\}$$

$$= P\{X \leqslant u\}P\{Y \leqslant u\} = [F_X(u)]^2$$

所以,U 的概率密度为

$$f_U(u) = 2F_X(u)f_X(u) = \begin{cases} 2(1-e^{-u})e^{-u}, & u > 0 \\ 0, & \text{其他} \end{cases}$$

可得

$$E(U) = \int_{-\infty}^{+\infty} u f_U(u) du = \int_0^{+\infty} u \cdot 2(1-e^{-u})e^{-u} du = \frac{3}{2}$$

$$E(V) = \int_{-\infty}^{+\infty} v f_U(v) dv = \int_0^{+\infty} v \cdot 2e^{-2v} dv = \frac{1}{2}$$

故

$$E(U+V) = E(U) + E(V) = \frac{3}{2} + \frac{1}{2} = 2$$

方法二

因为

$$U = \max\{X,Y\} = \frac{X+Y}{2} + \frac{|X-Y|}{2}$$

$$V = \min\{X,Y\} = \frac{X+Y}{2} - \frac{|X-Y|}{2}$$

所以 $U + V = X + Y$.可得

$$E(U+V) = E(X+Y) = E(X) + E(Y) = 1 + 1 = 2$$

42.【大纲考点】随机变量的独立性和不相关性.

【解题思路】根据随机变量的概率密度是否等于边缘概率密度乘积判断随机变量的独立性,而根据协方差是否等于零判断随机变量是否相关.

【答案解析】先考虑独立性.

当 $|x| > 1$ 时,$f_X(x) = 0$;当 $|x| \leqslant 1$ 时,有

$$f_X(x) = \int_{-\infty}^{+\infty} f(x,y)\mathrm{d}y = \int_{-\sqrt{1-x^2}}^{\sqrt{1-x^2}} \frac{1}{\pi}\mathrm{d}y = \frac{2}{\pi}\sqrt{1-x^2}$$

同理,当 $|y|>1$ 时,$f_Y(y)=0$;当 $|y|\leqslant 1$ 时,有

$$f_Y(y) = \int_{-\infty}^{+\infty} f(x,y)\mathrm{d}x = \int_{-\infty}^{+\infty} \frac{1}{\pi}\mathrm{d}x = \frac{2}{\pi}\sqrt{1-y^2}$$

显然 $f_X(x)f_Y(y) \neq f(x,y)$,即 X,Y 不相互独立.

再考虑相关性,有

$$E(X) = \int_{-\infty}^{+\infty}\int_{-\infty}^{+\infty} xf(x,y)\mathrm{d}x\mathrm{d}y = \iint_{x^2+y^2\leqslant 1} x \cdot \frac{1}{\pi}\mathrm{d}x\mathrm{d}y$$

$$= \int_{-1}^{1}\mathrm{d}x\int_{-\sqrt{1-x^2}}^{\sqrt{1-x^2}} x \frac{1}{\pi}\mathrm{d}y = 0$$

$$E(Y) = \int_{-\infty}^{+\infty}\int_{-\infty}^{+\infty} yf(x,y)\mathrm{d}x\mathrm{d}y = \iint_{x^2+y^2\leqslant 1} y \cdot \frac{1}{\pi}\mathrm{d}x\mathrm{d}y = 0$$

$$E(XY) = \int_{-\infty}^{+\infty}\int_{-\infty}^{+\infty} xyf(x,y)\mathrm{d}x\mathrm{d}y = \int_{-1}^{1}\mathrm{d}x\int_{-\sqrt{1-x^2}}^{\sqrt{1-x^2}} xy\frac{1}{\pi}\mathrm{d}y = 0$$

$$\mathrm{Cov}(X,Y) = E(XY) - E(X)E(Y) = 0$$

故 X,Y 是不相关的.

43.【大纲考点】随机变量函数的分布、随机变量函数的数学期望、二维随机变量相关事件的概率.

【解题思路】先根据分布函数法计算 Y 的概率密度,再通过协方差的计算公式计算协方差.

【答案解析】(1) 当 $y<0$ 时,有

$$F_Y(y) = P\{Y\leqslant y\} = P\{X^2\leqslant y\} = P(\varnothing) = 0$$

当 $y\geqslant 0$ 时,有

$$F_Y(y) = P\{X^2\leqslant y\} = P\{-\sqrt{y}\leqslant X\leqslant \sqrt{y}\}$$

$$= F_X(\sqrt{y}) - F_X(-\sqrt{y})$$

则 Y 的概率密度为

$$f_Y(y) = F_Y'(y) = \begin{cases} [F_X(\sqrt{y}) - F_X(-\sqrt{y})]', & y>0 \\ 0, & y\leqslant 0 \end{cases}$$

$$= \begin{cases} \dfrac{1}{2\sqrt{y}}[f_X(\sqrt{y}) + f_X(-\sqrt{y})], & y>0 \\ 0, & y\leqslant 0 \end{cases}$$

$$= \begin{cases} \dfrac{3}{8\sqrt{y}}, & 0<y<1 \\ \dfrac{1}{8\sqrt{y}}, & 1\leqslant y\leqslant 4 \\ 0, & 其他 \end{cases}$$

(2) 由已知,有

$$E(X) = \int_{-\infty}^{+\infty} x f_X(x) dx = \int_{-1}^{0} x \cdot \frac{1}{2} dx + \int_{0}^{2} x \cdot \frac{1}{4} dx = \frac{1}{4}$$

$$E(Y) = E(X^2) = \int_{-\infty}^{+\infty} x^2 f_X(x) dx = \int_{-1}^{0} x^2 \cdot \frac{1}{2} dx + \int_{0}^{2} x^2 \cdot \frac{1}{4} dx = \frac{5}{6}$$

$$E(XY) = E(X^3) = \int_{-\infty}^{+\infty} x^3 f_X(x) dx = \int_{-1}^{0} x^3 \cdot \frac{1}{2} dx + \int_{0}^{2} x^3 \cdot \frac{1}{4} dx = \frac{7}{8}$$

$$\mathrm{Cov}(X, Y) = E(XY) - E(X)E(Y) = \frac{2}{3}$$

(3) 所求概率为

$$F\left(-\frac{1}{2}, 4\right) = P\left\{X \leqslant -\frac{1}{2}, Y \leqslant 4\right\} = P\left\{X \leqslant -\frac{1}{2}, -2 \leqslant X \leqslant 2\right\}$$

$$= P\left\{-2 \leqslant X \leqslant -\frac{1}{2}\right\} = P\left\{-1 \leqslant X \leqslant -\frac{1}{2}\right\} = \int_{-1}^{-\frac{1}{2}} \frac{1}{2} dx = \frac{1}{4}$$

44.【大纲考点】随机变量数学期望、方差、协方差、相关系数.

【解题思路】应用方差与相关系数的计算公式进行计算.

【答案解析】由于

$$\int_{-\infty}^{+\infty} dx \int_{-\infty}^{+\infty} f(x, y) dy = \int_{0}^{2} dx \int_{0}^{2} A(x + y) dy = 8A$$

由概率密度的性质,有

$$\int_{-\infty}^{+\infty} dx \int_{-\infty}^{+\infty} f(x, y) dy = 1$$

得 $A = \frac{1}{8}$.

$$E(X) = \int_{-\infty}^{+\infty} \int_{-\infty}^{+\infty} x f(x, y) dx dy = \int_{0}^{2} \int_{0}^{2} x \cdot \frac{1}{8}(x + y) dx dy = \int_{0}^{2} x \cdot \frac{1}{4}(x + 1) dx = \frac{7}{6}$$

$$E(X^2) = \int_{-\infty}^{+\infty} \int_{-\infty}^{+\infty} x^2 f(x, y) dx dy = \int_{0}^{2} \int_{0}^{2} x^2 \cdot \frac{1}{8}(x + y) dx dy = \int_{0}^{2} x^2 \cdot \frac{1}{4}(x + 1) dx = \frac{5}{3}$$

可得

$$D(X) = E(X^2) - [E(X)]^2 = \frac{5}{3} - \frac{49}{36} = \frac{11}{36}$$

类似可得 $E(Y) = \frac{7}{6}, D(Y) = \frac{11}{36}$

$$E(XY) = \int_{-\infty}^{+\infty} dx \int_{-\infty}^{+\infty} xy f(x, y) dy = \iint_{D} xy \cdot \frac{1}{8}(x + y) dx dy$$

$$= \frac{1}{8} \int_{0}^{2} dx \int_{0}^{2} (x^2 y + xy^2) dy = \frac{4}{3}$$

故 $\mathrm{Cov}(X, Y) = E(XY) - E(X)E(Y) = \frac{4}{3} - \frac{49}{36} = -\frac{1}{36}$

$$\rho_{XY} = \frac{\text{Cov}(X,Y)}{\sqrt{D(X)}\sqrt{D(Y)}} = -\frac{1}{11}$$

$$D(X+Y) = D(X) + D(Y) + 2\text{Cov}(X,Y) = \frac{11}{36} + \frac{11}{36} + 2\left(-\frac{1}{36}\right) = \frac{5}{9}$$

45.【大纲考点】 泊松分布、协方差、相关系数及其性质.

【解题思路】 应用相关系数的计算公式进行推算.

【答案解析】 由于 X,Y 都服从参数为 λ 的泊松分布,则

$$E(X) = E(Y) = D(X) = D(Y) = \lambda$$

又因为 X,Y 相互独立,所以

$$D(U) = D(2X+Y) = D(2X) + D(Y)$$

由方差的性质 $D(U) = 4\lambda + \lambda = 5\lambda$. 同理可得 $D(V) = 5\lambda$.

由协方差的性质,可得

$$\begin{aligned}
\text{Cov}(U,V) &= \text{Cov}(2X+Y, 2X-Y) = \text{Cov}(2X, 2X-Y) + \text{Cov}(Y, 2X-Y) \\
&= \text{Cov}(2X, 2X) + \text{Cov}(2X, -Y) + \text{Cov}(Y, 2X) + \text{Cov}(Y, -Y) \\
&= 4\text{Cov}(X,X) - 2\text{Cov}(X,Y) + 2\text{Cov}(Y,X) - \text{Cov}(Y,Y) \\
&= 4D(X) - D(Y) = 3\lambda
\end{aligned}$$

由以上结果可得

$$\rho_{UV} = \frac{\text{Cov}(U,V)}{\sqrt{D(U)D(V)}} = \frac{3\lambda}{5\lambda} = \frac{3}{5}$$

46.【大纲考点】 随机变量的独立性和不相关性.

【解题思路】 若用独立性的充要条件来判断 X 与 $|X|$ 的独立性较为困难,宜采用独立性的定义进行判断.

【答案解析】(1) 由已知条件,得

$$\begin{aligned}
E(X) &= \int_{-\infty}^{+\infty} x f(x) \mathrm{d}x = \int_{-\infty}^{+\infty} x \cdot \frac{1}{2} \mathrm{e}^{-|x|} \mathrm{d}x = \int_{-\infty}^{0} x \cdot \frac{1}{2} \mathrm{e}^{x} \mathrm{d}x + \int_{0}^{+\infty} x \cdot \frac{1}{2} \mathrm{e}^{-x} \mathrm{d}x \\
&= \frac{1}{2}(x-1)\mathrm{e}^{-x} \Big|_{0}^{+\infty} + \frac{1}{2}(-x-1)\mathrm{e}^{x} \Big|_{-\infty}^{0} = 0
\end{aligned}$$

$$\begin{aligned}
E(X^2) &= \int_{-\infty}^{+\infty} x^2 f(x) \mathrm{d}x = \int_{-\infty}^{+\infty} x^2 \cdot \frac{1}{2} \mathrm{e}^{-|x|} \mathrm{d}x = \int_{-\infty}^{0} x^2 \cdot \frac{1}{2} \mathrm{e}^{x} \mathrm{d}x + \int_{0}^{+\infty} x^2 \cdot \frac{1}{2} \mathrm{e}^{-x} \mathrm{d}x \\
&= (-x^2 - 2x - 2)\mathrm{e}^{-x} \Big|_{0}^{+\infty} + (x^2 - 2x + 2)\mathrm{e}^{x} \Big|_{-\infty}^{0} = 2
\end{aligned}$$

$$D(X) = E(X^2) - E^2(X) = 2$$

(2) 因为 $E(X|X|) = \int_{-\infty}^{+\infty} x \cdot |x| \cdot f(x) \mathrm{d}x = \int_{-\infty}^{+\infty} x \cdot |x| \cdot \frac{1}{2} \mathrm{e}^{-|x|} \mathrm{d}x$

$$= -\int_{-\infty}^{0} x^2 \cdot \frac{1}{2} \mathrm{e}^{x} \mathrm{d}x + \int_{0}^{+\infty} x^2 \cdot \frac{1}{2} \mathrm{e}^{-x} \mathrm{d}x = 0$$

所以 $\text{Cov}(X,|X|) = E(X|X|) - E(X)E(|X|) = E(X|X|) = 0$

得其相关系数为
$$\rho = \frac{\text{Cov}(X,|X|)}{\sqrt{D(X)}\sqrt{D(|X|)}} = 0$$

故,X 与 $|X|$ 不相关.

(3) 设 $a > 0$,则 $\{|X| < a\} \subset \{X < a\}$,即
$$P\{X < a\} \cdot P\{|X| < a\} \leqslant P\{|X| < a\} = P\{X < a, |X| < a\}$$

又
$$P\{|X| < a\} = \int_{-a}^{a} \frac{1}{2} e^{-|x|} dx > 0$$

$$P\{X < a\} = \int_{-\infty}^{a} \frac{1}{2} e^{-|x|} dx = 1 - \frac{1}{2} e^{-a} < 1$$

所以 $P\{X < a\} \cdot P\{|X| < a\} < P\{X < a, |X| < a\}$

故,X 与 $|X|$ 不相互独立.

47.【大纲考点】随机变量的独立性及协方差.

【解题思路】根据随机变量的独立性及协方差的性质进行计算.

【答案解析】记 $E(X_i) = a$,$D(X_i) = b(i = 1,2,\cdots,10)$.由于 $X_1,X_2,\cdots,X_{10}$ 独立,可见 $(X_1, X_2,\cdots,X_6)$ 和 $(X_7,X_8\cdots,X_{10})$ 独立,以及 $(X_1,X_2,\cdots,X_4)$ 和 (X_5,X_6) 独立.因此

$\text{Cov}(U,V) = \text{Cov}(X_1 + \cdots + X_6, X_5 + \cdots + X_{10})$
$= \text{Cov}(X_1 + \cdots + X_6, X_5 + X_6) + \text{Cov}(X_1 + \cdots + X_6, X_7 + \cdots + X_{10})$
$= \text{Cov}(X_1 + \cdots + X_4, X_5 + X_6) + \text{Cov}(X_5 + X_6, X_5 + X_6)$
$= \text{Cov}(X_5 + X_6, X_5 + X_6)$
$= D(X_5 + X_6) = D(X_5) + D(X_6) = 2b$

于是,由 $D(U) = D(V) = 6b$,可知
$$\rho = \frac{2b}{\sqrt{D(U)D(V)}} = \frac{2b}{6b} = \frac{1}{3}$$

48.【大纲考点】随机变量的协方差.

【解题思路】根据已知条件写出 (U,V) 的概率分布,再由协方差的计算公式推演即可.

【答案解析】(1) (U,V) 的所有可能取值为 $(1,1),(1,2),(2,1),(2,2)$,且

$P\{U = 1, V = 1\} = P\{X = 1, Y = 1\} = P\{X = 1\}P\{Y = 1\} = \frac{4}{9}$

$P\{U = 1, V = 2\} = P(\varnothing) = 0$

$P\{U = 2, V = 1\} = P\{X = 1, Y = 2\} + P\{X = 2, Y = 1\}$
$= P\{X = 1\}P\{Y = 1\} + P\{X = 2\}P\{Y = 1\} = \frac{4}{9}$

$P\{U = 2, V = 2\} = P\{X = 2, Y = 2\} = P\{X = 2\}P\{Y = 2\} = \frac{1}{9}$

得 (U,V) 的概率分布为

U \ V	1	2
1	$\dfrac{4}{9}$	0
2	$\dfrac{4}{9}$	$\dfrac{1}{9}$

(2) 因为 $E(U) = 1 \times \dfrac{4}{9} + 2 \times \dfrac{5}{9} = \dfrac{14}{9}$, $E(V) = 1 \times \dfrac{8}{9} + 2 \times \dfrac{1}{9} = \dfrac{10}{9}$,

$$E(UV) = 1 \times 1 \times \dfrac{4}{9} + 1 \times 2 \times 0 + 2 \times 1 \times \dfrac{4}{9} + 2 \times 2 \times \dfrac{1}{9} = \dfrac{16}{9}$$

所以 $\mathrm{Cov}(U,V) = E(UV) - E(U)E(V) = \dfrac{16}{9} - \dfrac{14}{9} \times \dfrac{10}{9} = \dfrac{4}{81}$.

49.【大纲考点】 二维正态分布、相关系数、随机变量的独立性.

【解题思路】 根据二维正态分布的性质及参数的意义进行计算.

【答案解析】 (1) 根据已知条件可知,$g(x,y),h(x,y)$ 的边缘概率密度所对应的随机变量都服从标准正态分布.则有

$$f_X(x) = \int_{-\infty}^{+\infty} f(x,y) \mathrm{d}y = \dfrac{1}{2}\int_{-\infty}^{+\infty} g(x,y)\mathrm{d}y + \dfrac{1}{2}\int_{-\infty}^{+\infty} h(x,y)\mathrm{d}y = \dfrac{1}{\sqrt{2\pi}} e^{-\frac{x^2}{2}}$$

同理可求 $f_Y(y) = \dfrac{1}{\sqrt{2\pi}} e^{-\frac{y^2}{2}}$,显然,随机变量 X,Y 都服从标准正态分布,则 $E(X)=E(Y)=0, D(X)=D(Y)=1$. 于是所求相关系数为

$$\rho_{XY} = \dfrac{\mathrm{Cov}(X,Y)}{\sqrt{D(X)D(Y)}} = \mathrm{Cov}(X,Y) = E(XY) = \int_{-\infty}^{+\infty}\int_{-\infty}^{+\infty} xy f(x,y) \mathrm{d}x\mathrm{d}y$$

$$= \dfrac{1}{2}\int_{-\infty}^{+\infty}\int_{-\infty}^{+\infty} xy g(x,y) \mathrm{d}x\mathrm{d}y + \dfrac{1}{2}\int_{-\infty}^{+\infty}\int_{-\infty}^{+\infty} xy h(x,y) \mathrm{d}x\mathrm{d}y = 0$$

(2) 根据 $g(x,y),h(x,y)$ 都是二维正态变量的概率密度,且它们所对应的二维随机变量的相关系数分别为 $\dfrac{1}{3}$ 和 $-\dfrac{1}{3}$,它们的边缘概率密度所对应的随机变量的数学期望都是 0,方差都是 1. 从而

$$g(x,y) = \dfrac{3}{4\pi\sqrt{2}} e^{-\frac{9}{16}\left(x^2 - \frac{2}{3}xy + y^2\right)}, \quad h(x,y) = \dfrac{3}{4\pi\sqrt{2}} e^{-\frac{9}{16}\left(x^2 + \frac{2}{3}xy + y^2\right)}$$

则 $f(x,y) = \dfrac{3}{8\pi\sqrt{2}} e^{-\frac{9}{16}\left(x^2 - \frac{2}{3}xy + y^2\right)} + \dfrac{3}{8\pi\sqrt{2}} e^{-\frac{9}{16}\left(x^2 + \frac{2}{3}xy + y^2\right)} \neq f_X(x) f_Y(y)$

故随机变量 X,Y 不独立.

50.【大纲考点】 二维随机变量相关事件的概率、随机变量数学期望、方差、协方差、相关系数.

【解题思路】 根据随机变量的协方差及相关系数的计算公式进行计算.

【答案解析】 (1) 由已知条件知

$$P\{X=2Y\}=P\{X=0,Y=0\}+P\{X=2,Y=1\}=P\{XY=0\}+P\{XY=2\}$$

$$=\frac{1}{4}+0=\frac{1}{4}$$

(2) 由已知条件可得 $E(X)=0\times\frac{1}{2}+1\times\frac{1}{3}+2\times\frac{1}{6}=\frac{2}{3}$

$$E(X^2)=0^2\times\frac{1}{2}+1^2\times\frac{1}{3}+2^2\times\frac{1}{6}=1$$

$$E(Y)=0\times\frac{1}{3}+1\times\frac{1}{3}+2\times\frac{1}{3}=1$$

$$E(Y^2)=0^2\times\frac{1}{3}+1^2\times\frac{1}{3}+2^2\times\frac{1}{3}=\frac{5}{3}$$

$$E(XY)=0\times\frac{7}{12}+1\times\frac{1}{3}+2\times 0+4\times\frac{1}{12}=\frac{2}{3}$$

$$D(X)=E(X^2)-E^2(X)=1-\frac{4}{9}=\frac{5}{9}$$

$$D(Y)=E(Y^2)-E^2(Y)=\frac{5}{3}-1=\frac{2}{3}$$

$$\mathrm{Cov}(X,Y)=E(XY)-E(X)E(Y)=\frac{2}{3}-\frac{2}{3}\times 1=0$$

故 $$\mathrm{Cov}(X-Y,Y)=\mathrm{Cov}(X,Y)-\mathrm{Cov}(Y,Y)=-D(Y)=-\frac{2}{3}$$

$$\rho_{XY}=\frac{\mathrm{Cov}(X,Y)}{\sqrt{D(X)D(Y)}}=0$$

51.【大纲考点】二维离散型随机变量的概率分布、边缘分布、两个随机变量简单函数的分布、随机变量协方差和相关系数.

【解题思路】根据已知条件先计算随机变量(X,Y)的概率分布,再计算其协方差及相关系数.

【答案解析】由已知得 $P(AB)=P(A)P(B\mid A)=\frac{1}{4}\times\frac{1}{3}=\frac{1}{12}$

$$P(B)=\frac{P(AB)}{P(A\mid B)}=\frac{1}{6}$$

(1) $P\{X=1,Y=1\}=P(AB)=\frac{1}{6}$

$$P\{X=0,Y=1\}=P(\overline{A}B)=P(B)-P(AB)=\frac{1}{12}$$

$$P\{X=1,Y=0\}=P(A\overline{B})=P(A)-P(AB)=\frac{1}{6}$$

$$P\{X=0,Y=0\}=P(\overline{A}\,\overline{B})=1-P(A\bigcup B)=1-[P(A)+P(B)-P(AB)]=\frac{2}{3}$$

故得,(X,Y)的概率分布为

X \ Y	0	1
0	$\dfrac{2}{3}$	$\dfrac{1}{12}$
1	$\dfrac{1}{6}$	$\dfrac{1}{12}$

(2) 由(1)容易得到 X,Y 的概率分布分别为

X	0	1
P	$\dfrac{3}{4}$	$\dfrac{1}{4}$

Y	0	1
P	$\dfrac{5}{6}$	$\dfrac{1}{6}$

从而

$$E(X)=\frac{1}{4}, D(X)=\frac{3}{16}, E(Y)=\frac{1}{6}, D(Y)=\frac{5}{36}, E(XY)=\frac{1}{12}$$

因此 X 与 Y 的相关系数为

$$\rho_{XY}=\frac{\mathrm{Cov}(X,Y)}{\sqrt{D(X)}\sqrt{D(Y)}}=\frac{E(XY)-E(X)E(Y)}{\sqrt{D(X)}\sqrt{D(Y)}}=\frac{1}{\sqrt{15}}$$

(3) 因为

(X,Y)	$(0,0)$	$(0,1)$	$(1,0)$	$(1,1)$
X^2+Y^2	0	1	1	2
P	$\dfrac{2}{3}$	$\dfrac{1}{12}$	$\dfrac{1}{6}$	$\dfrac{1}{12}$

所以 Z 的概率分布为

Z	0	1	2
P	$\dfrac{2}{3}$	$\dfrac{1}{4}$	$\dfrac{1}{12}$

52.【大纲考点】 事件的独立性、随机变量的独立性、随机变量协方差和相关系数.

【解题思路】 由已知条件将 $\mathrm{Cov}(X,Y)$ 用事件 A,B 的概率表示,再根据 $\rho_{XY}=0$ 推知事件 A 与 B 独立,进而证明随机变量 X 与 Y 相互独立.

【答案解析】 由已知条件,可得

X	0	1
P	$P(\overline{A})$	$P(A)$

Y	0	1
P	$P(\overline{B})$	$P(B)$

XY	0	1
P	$1-P(AB)$	$P(AB)$

于是 $E(X)=P(A), E(XY)=P(AB), E(Y)=P(B)$

进而 $\mathrm{Cov}(X,Y)=E(XY)-E(X)E(Y)=P(AB)-P(A)P(B)$

又 $\rho_{XY}=0$，由相关系数的公式 $\rho_{XY}=\dfrac{\text{Cov}(X,Y)}{\sqrt{D(X)}\sqrt{D(Y)}}$，得 $\text{Cov}(X,Y)=0$，即 $P(AB)=P(A)P(B)$，因此事件 A 与 B 相互独立．进一步，可求得

$$P\{X=1,Y=1\}=P(AB)=P(A)P(B)=P\{X=1\}P\{Y=1\}$$
$$P\{X=1,Y=0\}=P(A\overline{B})=P(A)P(\overline{B})=P\{X=1\}P\{Y=0\}$$
$$P\{X=0,Y=1\}=P(\overline{A}B)=P(\overline{A})P(B)=P\{X=0\}P\{Y=1\}$$
$$P\{X=0,Y=0\}=P(\overline{AB})=P(\overline{A})P(\overline{B})=P\{X=0\}P\{Y=0\}$$

故 X 与 Y 相互独立．

第五章 大数定律和中心极限定理

一、选择题

1.【大纲考点】切比雪夫不等式.

【解题思路】由已知条件先计算 $E(\overline{X}), D(\overline{X})$，再应用切比雪夫不等式进行判断.

【答案解析】应选(C).

由已知条件
$$E(\overline{X}) = E\left(\sum_{i=1}^{n} \frac{X_i}{n}\right) = \frac{1}{n}\sum_{i=1}^{n} E(X_i) = \frac{1}{n} \times n\mu = \mu$$

$$D(\overline{X}) = D\left(\sum_{i=1}^{n} \frac{X_i}{n}\right) = \frac{1}{n^2}\sum_{i=1}^{n} D(X_i) = \frac{1}{n^2} \times n \times 8 = \frac{8}{n}$$

于是求切比雪夫不等式及 $P\{|\overline{X} - \mu| < 4\}$ 的估计分别为

$$P\{|\overline{X} - \mu| \geq \varepsilon\} \leq \frac{8}{n\varepsilon^2}, \quad P\{|\overline{X} - \mu| < 4\} \geq 1 - \frac{1}{2n}$$

2.【大纲考点】独立同分布随机变量序列的中心极限定理.

【解题思路】根据已知先计算出 $E\left(\sum_{i=1}^{n} X_i\right), D\left(\sum_{i=1}^{n} X_i\right)$，再应用独立同分布随机变量序列的中心极限定理进行判断.

【答案解析】应选(B).

由已知条件可得 $E(X_i) = \frac{1}{2}, D(X_i) = \frac{1}{4}$，其中 $i = 1, 2, \cdots, n \cdots$，于是

$$E\left(\sum_{i=1}^{n} X_i\right) = \sum_{i=1}^{n} E(X_i) = \frac{n}{2}, \quad D\left(\sum_{i=1}^{n} X_i\right) = \sum_{i=1}^{n} D(X_i) = \frac{n}{4}$$

由独立同分布中心极限定理，得

$$\lim_{n \to +\infty} P\left\{\frac{1}{\sqrt{n}}\left(2\sum_{i=1}^{n} X_i - n\right) \leq x\right\} = \lim_{n \to +\infty} P\left\{\frac{\sum_{i=1}^{n} X_i - \frac{n}{2}}{\sqrt{\frac{n}{4}}} \leq x\right\}$$

$$= \lim_{n \to +\infty} P\left\{\frac{\sum_{i=1}^{n} X_i - n\mu}{\sqrt{n\sigma^2}} \leq x\right\} = \Phi(x)$$

3.【大纲考点】独立同分布随机变量序列的中心极限定理.

【解题思路】根据独立同分布中心极限定理进行推演.

【答案解析】应选(B).

由已知条件得

$$E(X_i)=\lambda, D(X_i)=\lambda, Y_n=\frac{\sum_{i=1}^{n}X_i-E(\sum_{i=1}^{n}X_i)}{\sqrt{D(\sum_{i=1}^{n}X_i)}}=\frac{\sum_{i=1}^{n}X_i-n\lambda}{\sqrt{n\lambda}}$$

故

$$\lim_{n\to\infty}P\{Y_n\leqslant x\}=\lim_{n\to\infty}P\left\{\frac{\sum_{i=1}^{n}X_i-n\lambda}{\sqrt{n\lambda}}\leqslant x\right\}=\Phi(x)$$

二、填空题

4.【大纲考点】切比雪夫不等式.

【解题思路】根据切比雪夫不等式及已知条件解出 ε.

【答案解析】应填 $\sqrt{2}$.

因为随机变量 X 服从区间 $[-1,3]$ 上的均匀分布,所以 $E(X)=1, D(X)=\frac{16}{12}=\frac{4}{3}$. 由切比雪夫不等式 $P\{|X-E(X)|<\varepsilon\}\geqslant 1-\frac{D(X)}{\varepsilon^2}$, 有 $P\{|X-1|<\varepsilon\}\geqslant 1-\frac{4}{3\varepsilon^2}=\frac{2}{3}$, 解之得 $\varepsilon=\sqrt{2}$.

5.【大纲考点】切比雪夫不等式.

【解题思路】应用切比雪夫不等式直接推证.

【答案解析】应填 $\frac{1}{2}$.

由切比雪夫不等式 $P\{|X-E(X)|\geqslant\varepsilon\}\leqslant\frac{D(X)}{\varepsilon^2}$, 得 $P\{|X-E(X)|\geqslant 2\}\leqslant\frac{D(X)}{2^2}=\frac{1}{2}$.

6.【大纲考点】辛钦大数定律.

【解题思路】根据辛钦大数定律推演.

【答案解析】应填 $\frac{1}{2}$.

由于 $X_1, X_2, \cdots, X_n$ 是来自总体 X 的简单随机样本,所以 $X_1, X_2, \cdots, X_n$ 独立,且均服从参数为 2 的指数分布.进而 $X_1^2, X_2^2, \cdots, X_n^2$ 独立, $E(X_i^2)=D(X_i)+E^2(X_i)=\frac{1}{2}, i=1,2,\cdots$. 因此,由辛钦大数定理可知, $Y_n=\frac{1}{n}\sum_{i=1}^{n}X_i^2$ 依概率收敛于 $\frac{1}{2}$.

三、解答题

7.【大纲考点】切比雪夫不等式.

【解题思路】先计算出夜晚同时开着灯的盏数的数学期望及方差,再应用切比雪夫不等式计算即可.

【答案解析】令 X 表示夜晚同时开着灯的盏数,则 $X\sim B(10\,000, 0.7)$. 则有

$$E(X)=np=10\,000\times 0.7=7\,000$$

$$D(X) = np(1-p) = 10\ 000 \times 0.7 \times 0.3 = 2\ 100$$

由切比雪夫不等式,得

$$P\{6\ 850 < X < 7\ 150\} = P\{|X - 7\ 000| < 150\} \geqslant 1 - \frac{2\ 100}{150^2} \approx 0.91$$

8.【大纲考点】切比雪夫不等式.

【解题思路】利用切比雪夫不等式证明随机变量序列依概率收敛.

【答案解析】由于

$$E(Y_n) = \frac{2}{n(n+1)} \sum_{i=1}^{n} i E(X_i) = \frac{2\mu}{n(n+1)} \sum_{i=1}^{n} i = \mu$$

$$D(Y_n) = \frac{4}{n^2(n+1)^2} \sum_{i=1}^{n} i^2 D(X_i) = \frac{4\sigma^2}{n^2(n+1)^2} \sum_{i=1}^{n} i^2 = \frac{2(2n+1)\sigma^2}{3n(n+1)}$$

由切比雪夫不等式,对于任意 $\varepsilon > 0$,有

$$P\{|Y_n - E(Y_n)| \geqslant \varepsilon\} = P\{|Y_n - \mu| \geqslant \varepsilon\} \leqslant \frac{D(Y_n)}{\varepsilon^2} = \frac{2(2n+1)\sigma^2}{3n(n+1)\varepsilon^2}$$

于是 $\lim\limits_{n \to \infty} P\{|Y_n - \mu| \geqslant \varepsilon\} = 0$,进而 $\lim\limits_{n \to \infty} P\{|Y_n - \mu| < \varepsilon\} = 1$,即随机变量序列 $\{Y_n\}$ 依概率收敛于 μ.

9.【大纲考点】独立同分布随机变量序列的中心极限定理.

【解题思路】若设每辆车可装 N 箱,则由题意可知,需求使 $P\left\{\sum\limits_{i=1}^{N} X_i \leqslant 5\ 000\right\} \geqslant 0.977$ 最大的 N,那么可由独立同分布中心极限定理(Lindeberg-Levy 中心极限定理)估算范围.

【答案解析】设第 i 箱的质量为 $X_i (i = 1, 2, \cdots)$.由题意知,$X_1, X_2, \cdots, X_n$ 是独立的,且 $E(X_i) = 50, \sqrt{D(X_i)} = 5 (i = 1, 2, \cdots)$.再设每辆车可装 N 箱,则有 $P\left\{\sum\limits_{i=1}^{N} X_i \leqslant 5\ 000\right\} \geqslant 0.977$.

又知 $E\left(\sum\limits_{i=1}^{N} X_i\right) = \sum\limits_{i=1}^{N} E(X_i) = 50N$,由独立同分布中心极限定理知,当 N 充分大时,

$\dfrac{\sum\limits_{i=1}^{N} X_i - 50N}{\sqrt{25N}}$ 近似服从 $N(0,1)$,则有

$$P\left\{\sum_{i=1}^{N} X_i \leqslant 5\ 000\right\} = P\left\{\frac{\sum\limits_{i=1}^{N} X_i - 50N}{5\sqrt{N}} \leqslant \frac{5\ 000 - 50N}{5\sqrt{N}}\right\} \approx \Phi\left(\frac{5\ 000 - 50N}{5\sqrt{N}}\right) \geqslant 0.977$$

故 N 应满足 $\dfrac{1\ 000 - 10N}{\sqrt{N}} \geqslant 2$,即 $N \leqslant \left(\dfrac{-1 + \sqrt{10\ 001}}{10}\right)^2 \approx 98.019\ 9$.取 $N = 98$,即每辆车最多可装 98 箱.

10.【大纲考点】独立同分布随机变量序列的中心极限定理.

【解题思路】总机需要备 m 条外线才能以 95% 的概率确保每部分机在使用外线通话时不必等候,即求满足条件 $P(X \leqslant m) \geqslant 0.95$ 的最小 m.

【答案解析】设 X 表示 100 部电话分机同时使用外线通话的分机数,则 $X \sim B(100,0.05)$.总机需要备 m 条外线才能以 95% 的概率确保每部分机在使用外线通话时不必等候.由已知条件及拉普拉斯中心极限定理,有

$$P\{X \leqslant m\} = P\left\{\frac{X-np}{\sqrt{np(1-p)}} \leqslant \frac{m-np}{\sqrt{np(1-p)}}\right\}$$

$$= P\left\{\frac{X-100\times 0.05}{\sqrt{100\times 0.05\times 0.95}} \leqslant \frac{m-100\times 0.05}{\sqrt{100\times 0.05\times 0.95}}\right\}$$

$$= \Phi\left(\frac{m-100\times 0.05}{\sqrt{100\times 0.05\times 0.95}}\right) \geqslant 0.95$$

又 $\Phi(1.64)=0.9495, \Phi(1.65)=0.9505$.从而 $\dfrac{m-100\times 0.05}{\sqrt{100\times 0.05\times 0.95}} \geqslant 1.65$,即 $m \geqslant 8.5961$.

这就是说,总机需配备 9 条外线才能以 95% 的概率确保每部分机在使用外线通话时不必等候.

11.【大纲考点】独立同分布随机变量序列的中心极限定理.

【解题思路】应用独立同分布中心极限定理进行计算.

【答案解析】用 X 表示在某时刻开工的车床数,根据题设条件可知:$X \sim B(200,0.6)$.假设需要 M kW 的电力就能以 99.9% 的概率保证该车间不会因供电不足而影响生产,故应有 $P\{15X \leqslant M\} \geqslant 0.999$.又

$$P\{15X \leqslant M\} = P\left\{X \leqslant \frac{M}{15}\right\} = P\left\{\frac{X-120}{\sqrt{48}} \leqslant \frac{\frac{M}{15}-120}{\sqrt{48}}\right\} \approx \Phi\left(\frac{\frac{M}{15}-120}{\sqrt{48}}\right)$$

而 $\Phi(3.09)=0.99900$.欲使 $P\{15X \leqslant M\} \geqslant 0.99900$,只要

$$\frac{\frac{M}{15}-120}{\sqrt{48}} \geqslant 3.09$$

解得 $M \geqslant 15(120+3.09\sqrt{48}) \approx 2121.1$.因此,应供应 2 121.1 kW 电力就能以 99.9% 的概率保证该车间不会因供电不足而影响生产.

第六章 数理统计的基本概念

一、选择题

1.【大纲考点】简单随机样本、二项分布、样本均值.

【解题思路】简单随机样本就是与总体分布相同且相互独立,先证样本的和 $\sum_{i=1}^{n} X_i$ 服从二项分布,再求 $P\left\{\overline{X}=\dfrac{k}{n}\right\}$.

【答案解析】应选(C).

由于 $X_i \sim B(1,p)$,且 $X_1,X_2,\cdots,X_n$ 相互独立,则 $\sum_{i=1}^{n} X_i \sim B(n,p)$,于是

$$P\left\{\overline{X}=\dfrac{k}{n}\right\}=P\left\{\dfrac{1}{n}\sum_{i=1}^{n}X_i=\dfrac{k}{n}\right\}=P\left\{\sum_{i=1}^{n}X_i=k\right\}=C_n^k p^k (1-p)^{n-k}$$

2.【大纲考点】统计量.

【解题思路】统计量就是不含有任何未知参数的样本的函数.

【答案解析】应选(C).

所谓统计量就是不包含总体中任何未知参数的样本的函数. 根据题意 σ^2 未知,从而 $\sum_{i=1}^{n}\left(\dfrac{X_i-\mu}{\sigma}\right)^2$ 不能作为统计量.

3.【大纲考点】正态总体样本均值的分布.

【解题思路】利用正态总体 $N(\mu,\sigma^2)$ 样本均值 $\overline{X}$ 服从 $N\left(\mu,\dfrac{\sigma^2}{n}\right)$ 推演即可.

【答案解析】应选(D).

由于 $X_1,X_2,\cdots,X_{16}$ 是来自正态总体 $N(2,\sigma^2)$ 的一个样本,则 $\overline{X}$ 服从 $N\left(2,\dfrac{\sigma^2}{16}\right)$,于是

$$\dfrac{4\overline{X}-8}{\sigma}=\dfrac{\overline{X}-2}{\dfrac{\sigma}{\sqrt{16}}}\sim N(0,1)$$

4.【大纲考点】正态总体的常用抽样分布.

【解题思路】根据 χ^2 分布、t 分布、F 分布的定义进行判断.

【答案解析】应选(D)

根据正态总体分布的相关知识易知

$$n\overline{X}=\sum_{i=1}^{n}X_i \sim N(0,n),\dfrac{(n-1)S^2}{\sigma^2}=(n-1)S^2=\sum_{i=1}^{n}(X_i-\overline{X})^2 \sim \chi^2(n-1)$$

$$\frac{\dfrac{(\overline{X}-\mu)}{\dfrac{S}{\sqrt{n}}}}{\sqrt{\dfrac{(n-1)S^2}{\sigma^2}}{(n-1)}} \sim \frac{\overline{X}-\mu}{\dfrac{S}{\sqrt{n}}} \sim t(n-1)$$

所以(A),(B),(C)均不正确.

事实上由已知条件可得 $X_1^2 \sim \chi^2(1)$,$\sum_{i=2}^{n} X_i^2 \sim \chi^2(n-1)$,且 X_1^2 与 $\sum_{i=2}^{n} X_i^2$ 独立,因此

$$\frac{(n-1)X_1^2}{\sum_{i=2}^{n} X_i^2} = \frac{X_1^2}{\sum_{i=2}^{n}\dfrac{X_i^2}{(n-1)}} \sim F(1, n-1)$$

5.【大纲考点】正态总体的常用抽样分布.

【解题思路】根据 t 分布的定义进行推断.

【答案解析】应选(B).

因为 $X_1, X_2, \cdots, X_n$ 是来自正态总体 $N(\mu, \sigma^2)$ 的简单随机样本,$\overline{X}$ 是样本均值,有

$$X_i \sim N(\mu, \sigma^2)(i=1,2,\cdots,n), E(\overline{X}_n) = \mu, D(\overline{X}_n) = \frac{1}{n}\sigma^2, \overline{X} \sim N\left(\mu, \frac{1}{n}\sigma^2\right)$$

则 $\dfrac{\overline{X}-\mu}{\dfrac{\sigma}{\sqrt{n}}} \sim N(0,1)$,而 $\dfrac{nS_2^2}{\sigma^2} \sim \chi^2(n-1)$,故

$$T = \frac{\dfrac{\overline{X}-\mu}{\dfrac{\sigma}{\sqrt{n}}}}{\sqrt{\dfrac{\dfrac{nS_2^2}{\sigma^2}}{(n-1)}}} = \frac{\overline{X}-\mu}{\dfrac{S_2}{\sqrt{n-1}}} \sim t(n-1)$$

6.【大纲考点】χ^2 分布的概念及其性质.

【解题思路】利用 χ^2 分布概念,χ^2 分布性质(相互独立的 χ^2 分布对于自由度具有可加性)进行判断.

【答案解析】应选(D).

由于 $X_1, X_2, \cdots, X_n$ 是来自正态总体 $N(\mu, \sigma^2)$ 的简单随机样本,则 $\dfrac{\overline{X}-\mu}{\dfrac{\sigma}{\sqrt{n}}} \sim N(0,1)$,

$\dfrac{(n-1)S^2}{\sigma^2} \sim \chi^2(n-1)$,且 $\dfrac{\overline{X}-\mu}{\dfrac{\sigma}{\sqrt{n}}}$ 与 $\dfrac{(n-1)S^2}{\sigma^2}$ 相互独立.由 χ^2 分布概念及性质可得

$$\frac{n(\overline{X}-\mu)^2}{\sigma^2} + \frac{(n-1)S^2}{\sigma^2} \sim \chi^2(n)$$

7.【大纲考点】t 分布.

【解题思路】根据正态分布的性质及 t 分布的概念进行计算.

【答案解析】应选(B).

已知条件及正态分布的性质可知 $X_1-X_2 \sim N(0,2\sigma^2), X_3+X_4-2 \sim N(0,2\sigma^2)$,于是

$$\frac{X_1-X_2}{\sqrt{2}\sigma} \sim N(0,1), \quad \frac{X_3+X_4-2}{\sqrt{2}\sigma} \sim N(0,1)$$

进而

$$\left(\frac{X_3+X_4-2}{\sqrt{2}\sigma}\right)^2 \sim \chi^2(1)$$

故

$$\frac{X_1-X_2}{|X_3+X_4-2|} = \frac{\dfrac{X_1-X_2}{\sqrt{2}\sigma}}{\sqrt{\left(\dfrac{X_3+X_4-2}{\sqrt{2}\sigma}\right)^2}} \sim t(1)$$

8.【大纲考点】χ^2 分布与 F 分布.

【解题思路】根据正态分布的线性性质进行推演.

【答案解析】应选(C).

本题中随机变量 X 和 Y 都服从标准正态分布,但不一定相互独立,因此答案(A),(B),(D)都不对,只有(C)正确,$X^2 \sim \chi^2(1), Y^2 \sim \chi^2(1)$.

二、填空题

9.【大纲考点】正态总体样本均值的分布.

【解题思路】利用样本均值的分布及正态分布概率进行计算.

【答案解析】应填 0.977 2.

因为 $X \sim N(3,4)$,所以 $\overline{X} \sim N(3,1), \overline{X}-3 \sim N(0,1)$,得

$$P\{-1 < \overline{X} < 5\} = P\{-1-3 < \overline{X}-3 < 5-3\} = \Phi(2) - \Phi(-4)$$
$$\approx \Phi(2) = 0.977\ 2$$

10.【大纲考点】F 分布.

【解题思路】由 F 分布的上分位数的概念推演即可.

【答案解析】应填 0.95.

因为 $X \sim F(n,n)$,所以 $\dfrac{1}{X} \sim F(n,n)$,得

$$P\left\{X > \frac{1}{\alpha}\right\} = P\left\{\frac{1}{X} > \frac{1}{\alpha}\right\} = P\{X < \alpha\} = 1 - P\{X \geqslant \alpha\} = 1 - 0.05 = 0.95$$

11.【大纲考点】χ^2 分布的概念.

【解题思路】利用 χ^2 分布的概念及其性质进行计算.

【答案解析】应填 $\dfrac{n}{(n-1)\sigma^2}$.

因为 $X_1, X_2, \cdots, X_n$ 是来自正态总体 $N(\mu, \sigma^2)$ 的一个简单随机样本,所以 $X_1, X_2, \cdots, X_n$

相互独立,且 $X_i \sim N(\mu,\sigma^2)$,而

$$X_n - \overline{X} = X_n - \frac{1}{n}\sum_{i=1}^{n}X_i = \left(\frac{n-1}{n}\right)X_n - \frac{1}{n}\sum_{i=1}^{n-1}X_i$$

$$E\left(\frac{n-1}{n}X_n\right) = \frac{n-1}{n}\mu, \quad D\left(\frac{n-1}{n}X_n\right) = \left(\frac{n-1}{n}\right)^2\sigma^2$$

$$E\left(\frac{1}{n}\sum_{i=1}^{n-1}X_i\right) = \frac{n-1}{n}\mu, \quad D\left(\frac{1}{n}\sum_{i=1}^{n-1}X_i\right) = \frac{n-1}{n^2}\sigma^2$$

所以 $\quad X_n - \overline{X} = \left(\frac{n-1}{n}\right)X_n - \frac{1}{n}\sum_{i=1}^{n-1}X_i \sim N\left(0, \frac{n-1}{n}\sigma^2\right)$

$$\frac{X_n - \overline{X}}{\sqrt{\frac{n-1}{n}}\sigma} \sim N(0,1), \quad \left[\frac{X_n - \overline{X}}{\sqrt{\frac{n-1}{n}}\sigma}\right]^2 = \frac{n}{(n-1)\sigma^2}(X_n - \overline{X})^2 \sim \chi^2(1)$$

因此当 $c = \dfrac{n}{(n-1)\sigma^2}$ 时,统计量 $T = c(X_n - \overline{X})^2$ 服从自由度为 1 的 χ^2 分布.

12.【大纲考点】t 分布的概念.

【解题思路】根据正态分布的性质及 χ^2 分布的概念进行计算.

【答案解析】应填写 t, 9.

因为 $X_1,X_2,\cdots,X_9$ 和 $Y_1,Y_2,\cdots,Y_9$ 分别是来自总体 X 和 Y 的简单随机样本,所以 X_1, $X_2,\cdots,X_9$ 相互独立,$Y_1,Y_2,\cdots,Y_9$ 相互独立,且 $X \sim N(0,3^2)$,$Y \sim N(0,3^2)$,所以 $\sum_{i=1}^{9}X_i \sim N(0,9^2)$,$\overline{X} = \frac{1}{9}\sum_{i=1}^{9}X_i \sim N(0,1)$,$\frac{1}{3}Y_i \sim N(0,1)$,$\sum_{i=1}^{9}\left(\frac{1}{3}Y_i\right)^2 \sim \chi^2(9)$.

又 X 和 Y 相互独立,则

$$\frac{\frac{1}{9}\sum_{i=1}^{9}X_i}{\sqrt{\sum_{i=1}^{9}\frac{\left(\frac{1}{3}Y_i\right)^2}{9}}} = \frac{X_1 + X_2 + \cdots + X_9}{\sqrt{Y_1^2 + Y_2^2 + \cdots + Y_9^2}} = U \sim t(9)$$

故 $U = \dfrac{X_1 + X_2 + \cdots + X_9}{\sqrt{Y_1^2 + Y_2^2 + \cdots + Y_9^2}}$ 服从 t 分布,参数为 9.

13.【大纲考点】χ^2 分布的概念与性质.

【解题思路】χ^2 统计量的典型模式就是 $\chi^2(n) = \sum_{i=1}^{n}X_i^2$,其中 $X_i \sim N(0,1)$,且相互独立,所以需要验证两点:标准正态分布、相互独立,然后计算独立标准正态分布的平方和.由正态分布的性质可得到 $X_1 - 2X_2 \sim N(0,20)$,$3X_3 - 4X_4 \sim N(0,100)$,且 $X_1 - 2X_2$ 与 $3X_3 - 4X_4$ 独立.

【答案解析】应填 $\dfrac{1}{20}$,$\dfrac{1}{100}$.

因为 X_1,X_2,X_3,X_4 是来自正态总体 $N(0,2^2)$ 的简单随机样本,所以 X_1,X_2,X_3,X_4 相互

独立,且 $X_i \sim N(0,2^2)(i=1,2,3,4)$,可得

$$X_1 - 2X_2 \sim N(0,20), \quad \frac{X_1-2X_2}{\sqrt{20}} \sim N(0,1)$$

$$3X_3 - 4X_4 \sim N(0,100), \quad \frac{3X_3-4X_4}{10} \sim N(0,1)$$

故

$$\left(\frac{X_1-2X_2}{\sqrt{20}}\right)^2 + \left(\frac{3X_3-4X_4}{10}\right)^2 = \frac{1}{20}(X_1-2X_2)^2 + \frac{1}{100}(3X_3-4X_4)^2 \sim \chi^2(2)$$

因此,当 $a=\frac{1}{20}, b=\frac{1}{100}$ 时,统计量 X 服从 χ^2 分布,其自由度为 2.

【名师评注】如果不限定自由度为 2,则应有 3 个答案:① 当 $a=\frac{1}{20}, b=\frac{1}{100}$ 时,$X \sim \chi^2(2)$;② 当 $a=\frac{1}{20}, b=0$ 时,$X \sim \chi^2(1)$;③ 当 $a=0, b=\frac{1}{100}$ 时,$X \sim \chi^2(1)$. 如果 $X=\frac{(X_1-2X_2)^2}{a} + \frac{(3X_3-4X_4)^2}{b}$,则此时结果唯一.

14.【大纲考点】样本均值的分布、正态分布概率的计算.

【解题思路】根据已知条件易得 $\overline{X}_n \sim N\left(a, \frac{0.2^2}{n}\right)$,再由已知条件 $P(|\overline{X}_n - a| < 0.1) \geqslant 0.95$ 确定样本容量 n.

【答案解析】应填 16.

用 X_i 表示第 i 次的称量结果,则

$$X_i \sim N(a, 0.2^2), \overline{X}_n \sim N\left(a, \frac{0.2^2}{n}\right), \frac{\overline{X}_n - a}{\frac{0.2}{\sqrt{n}}} \sim N(0,1)$$

$$P(|\overline{X}_n - a| < 0.1) = P\left(\left|\frac{\overline{X}_n - a}{\frac{0.2}{\sqrt{n}}}\right| < \frac{\sqrt{n}}{2}\right) = \Phi\left(\frac{\sqrt{n}}{2}\right) - \Phi\left(-\frac{\sqrt{n}}{2}\right)$$

$$= 2\Phi\left(\frac{\sqrt{n}}{2}\right) - 1 \geqslant 0.95$$

因此 $\Phi\left(\frac{\sqrt{n}}{2}\right) \geqslant 0.975, \frac{\sqrt{n}}{2} \geqslant 1.96, n \geqslant 15.37$

故 n 的最小值应不小于自然数 16.

15.【大纲考点】F 分布的概念.

【解题思路】根据正态分布的性质及 χ^2 分布的概念进行计算.

【答案解析】应填 $F(10,5)$.

因为 $X \sim N(0,2^2)$,而 $X_1, X_2, \cdots, X_{15}$ 是来自总体 X 的简单随机样本,所以 $X_i \sim$

$N(0,2^2)$,$\dfrac{X_i}{2} \sim N(0,1)$,由此 $\dfrac{1}{4}(X_1^2+X_2^2+\cdots+X_{10}^2) \sim \chi^2(10)$,$\dfrac{1}{4}[2(X_{11}^2+X_{12}^2+\cdots+X_{15}^2)] \sim \chi^2(5)$,可得

$$Y = \dfrac{X_1^2+X_2^2\cdots+X_{10}^2}{2(X_{11}^2+X_{12}^2\cdots+X_{15}^2)} = \dfrac{\dfrac{1}{4}\dfrac{(X_1^2+X_2^2+\cdots+X_{10}^2)}{10}}{\dfrac{1}{4}\dfrac{[2(X_{11}^2+X_{12}^2\cdots+X_{15}^2)]}{10}} \sim F(10,5)$$

即随机变量 $Y = \dfrac{X_1^2+X_2^2+\cdots+X_{10}^2}{2(X_{11}^2+X_{12}^2+\cdots+X_{15}^2)}$ 服从 F 分布,参数为 $(10,5)$.

16.【大纲考点】正态总体的常用抽样分布.

【解题思路】利用正态分布的性质或 χ^2 分布的性质进行计算.

【答案解析】应填 σ^2.

因为 $X \sim N(\mu_1,\sigma^2)$,$Y \sim N(\mu_2,\sigma^2)$,$X_1,X_2,\cdots,X_{n_1}$ 和 $Y_1,Y_2,\cdots,Y_{n_2}$ 分别是来自总体 X 和 Y 的简单随机样本.

方法一

$$E\left[\dfrac{\sum_{i=1}^{n_1}(X_i-\overline{X})^2+\sum_{j=1}^{n_2}(Y_j-\overline{Y})^2}{n_1+n_2-2}\right]$$

$$= \dfrac{1}{n_1+n_2-2}\left\{\left[\sum_{i=1}^{n_1}E(X_i)^2-n_1E(\overline{X})^2\right]+\left[\sum_{j=1}^{n_2}E(Y_j)^2-n_2E(\overline{Y})^2\right]\right\}$$

$$= \dfrac{1}{n_1+n_2-2}\left\{\left[\sum_{i=1}^{n_1}(\sigma^2+\mu_1^2)-n_1\left(\dfrac{\sigma^2}{n_1}+\mu_1^2\right)\right]+\left[\sum_{j=1}^{n_2}(\sigma^2+\mu_2^2)-n_2\left(\dfrac{\sigma^2}{n_2}+\mu_2^2\right)\right]\right\}$$

$$= \dfrac{1}{n_1+n_2-2}[(n_1\sigma^2+n_1\mu_1^2-\sigma^2-n_1\mu_1^2)+(n_2\sigma^2+n_2\mu_2^2-\sigma^2-n_2\mu_2^2)] = \sigma^2$$

方法二 由于

$$\dfrac{\sum_{i=1}^{n_1}(X_i-\overline{X})^2}{\sigma^2} \sim \chi^2(n_1-1),\quad \dfrac{\sum_{j=1}^{n_2}(Y_j-\overline{Y})^2}{\sigma^2} \sim \chi^2(n_2-1)$$

那么

$$E\left[\dfrac{\sum_{i=1}^{n_1}(X_i-\overline{X})^2}{\sigma^2}\right]=n_1-1,\quad E\left[\dfrac{\sum_{j=1}^{n_2}(Y_j-\overline{Y})^2}{\sigma^2}\right]=n_2-1$$

因此

$$E\left[\dfrac{\sum_{i=1}^{n_1}(X_i-\overline{X})^2+\sum_{j=1}^{n_2}(Y_j-\overline{Y})^2}{n_1+n_2-2}\right]$$

$$= \frac{1}{n_1+n_2-2}\sigma^2 E\left[\frac{\sum_{i=1}^{n_1}(X_i-\overline{X})^2}{\sigma^2}+\frac{\sum_{j=1}^{n_2}(Y_j-\overline{Y})^2}{\sigma^2}\right]$$

$$= \frac{1}{n_1+n_2-2}\sigma^2\left\{E\left[\frac{\sum_{i=1}^{n_1}(X_i-\overline{X})^2}{\sigma^2}\right]+E\left[\frac{\sum_{j=1}^{n_2}(Y_j-\overline{Y})^2}{\sigma^2}\right]\right\}$$

$$= \frac{1}{n_1+n_2-2}\sigma^2[(n_1-1)+(n_2-1)]=\sigma^2$$

17.【大纲考点】样本方差、数学期望.

【解题思路】先计算总体的数学期望及方差,再计算样本方差的数学期望.

【答案解析】应填 2.

因为 X 的概率密度为 $f(x)=\frac{1}{2}\mathrm{e}^{-|x|}(-\infty<x<+\infty)$,所以

$$E(X)=E(X_i)=\int_{-\infty}^{+\infty}xf(x)\mathrm{d}x=\int_{-\infty}^{+\infty}\frac{1}{2}x\mathrm{e}^{-|x|}\mathrm{d}x=0$$

$$D(X)=D(X_i)=\int_{-\infty}^{+\infty}x^2f(x)\mathrm{d}x=\int_{-\infty}^{+\infty}\frac{1}{2}x^2\mathrm{e}^{-|x|}\mathrm{d}x=\int_{0}^{+\infty}x^2\mathrm{e}^{-x}\mathrm{d}x=2$$

$$E(\overline{X})=0,D(\overline{X})=\frac{2}{n}$$

$$E(S^2)=E\left[\frac{1}{n-1}\sum_{i=1}^{n}(X_i-\overline{X})^2\right]=\frac{n}{n-1}[E(X_i^2)-E(\overline{X}^2)]=\frac{n}{n-1}\left(2-\frac{2}{n}\right)=2$$

18.【大纲考点】样本方差的数学期望.

【解题思路】根据二项分布的性质计算即可.

【答案解析】应填 np^2.

因为 $X_1,X_2,\cdots,X_n$ 是来自二项分布总体 $B(n,p)$ 的简单随机样本,所以

$$X_i\sim B(n,p),E(X_i)=np,D(X_i)=np(1-p)$$

$$E(\overline{X})=E\left(\frac{1}{n}\sum_{i=1}^{n}X_i\right)=\frac{1}{n}\sum_{i=1}^{n}E(X_i)=\frac{1}{n}\cdot n\cdot np=np$$

$$D(\overline{X})=D\left(\frac{1}{n}\sum_{i=1}^{n}X_i\right)=\frac{1}{n^2}\sum_{i=1}^{n}D(X_i)=\frac{1}{n^2}\cdot n\cdot np(1-p)=p(1-p)$$

$$E(S^2)=E\left[\frac{1}{n-1}\sum_{i=1}^{n}X_i^2-\frac{n}{n-1}(\overline{X})^2\right]=\frac{1}{n-1}\sum_{i=1}^{n}E(X_i^2)-\frac{n}{n-1}E(\overline{X}^2)$$

$$=\frac{1}{n-1}n[np(1-p)+n^2p^2]-\frac{n}{n-1}[p(1-p)+n^2p^2]$$

$$=np(1-p)$$

故 $E(T)=E(\overline{X}-S^2)=E(\overline{X})-E(S^2)=np-np(1-p)=np^2$.

19.【大纲考点】简单随机样本、正态总体.

【解题思路】根据数学期望的性质及正态分布的性质进行计算.

【答案解析】应填 $\sigma^2 + \mu^2$.

因为 $X_1, X_2, \cdots, X_n$ 是来自总体 $N(\mu, \sigma^2)$ 的简单随机样本,所以 $X_i \sim N(\mu, \sigma^2)$, $E(X_i) = \mu$, $D(X_i) = \sigma^2$.

$$E(T) = E\left(\frac{1}{n}\sum_{i=1}^{n} X_i^2\right) = \frac{1}{n}\sum_{i=1}^{n} E(X_i^2) = \frac{1}{n}\sum_{i=1}^{n}\{D(X_i) + [E(X_i)]^2\}$$

$$= \frac{1}{n}\sum_{i=1}^{n}(\sigma^2 + \mu^2) = \sigma^2 + \mu^2$$

三、解答题

20.【大纲考点】简单随机样本.

【解题思路】根据 $X_1, X_2, \cdots, X_n$ 相互独立且具有相同的分布进行计算.

【答案解析】因为总体 X 服从 (0-1) 分布,其分布律可写成
$$P\{X = x\} = p^x(1-p)^{1-x}, \quad x = 0, 1$$

所以来自总体 X 的容量为 n 的样本 $X_1, X_2, \cdots, X_n$ 的联合分布律为

$$P\{X_1 = x_1, X_2 = x_2, \cdots, X_n = x_n\} = \prod_{i=1}^{n} P\{X_i = x_i\}$$

$$= \prod_{i=1}^{n} p^{x_i}(1-p)^{1-x_i} = p^{\sum_{i=1}^{n} x_i}(1-p)^{n-\sum_{i=1}^{n} x_i}, \quad x_i = 0, 1 \; (i = 1, 2, \cdots, n)$$

21.【大纲考点】简单随机样本.

【解题思路】依据 $X_1, X_2, \cdots, X_n$ 相互独立且具有相同的分布.

【答案解析】(1) 因为 $X_1, X_2, \cdots, X_n$ 为来自正态总体 $N(\mu, \sigma^2)$ 的样本,所以
$$X_i \sim N(\mu, \sigma^2) \; (i = 1, 2, \cdots, n)$$

X_i 的概率密度为
$$f(x_i) = \frac{1}{\sqrt{2\pi}\sigma} e^{-\frac{(x_i - \mu)^2}{2\sigma^2}}$$

又 $X_1, X_2, \cdots, X_n$ 相互独立,故 $X_1, X_2, \cdots, X_n$ 的联合概率密度为

$$f(x_1, x_2, \cdots, x_n; \mu) = \prod_{i=1}^{n}\left(\frac{1}{\sqrt{2\pi}\sigma} e^{-\frac{(x_i-\mu)^2}{2\sigma^2}}\right) = (2\pi\sigma^2)^{-\frac{n}{2}} e^{-\frac{\sum_{i=1}^{n}(x_i-\mu)^2}{2\sigma^2}}$$

(2) $E(\overline{X}) = E\left(\frac{1}{n}\sum_{i=1}^{n} X_i\right) = \frac{1}{n}\sum_{i=1}^{n} E(X_i) = \frac{1}{n}\sum_{i=1}^{n}\mu = \mu$

$D(\overline{X}) = D\left(\frac{1}{n}\sum_{i=1}^{n} X_i\right) = \frac{1}{n^2}\sum_{i=1}^{n} D(X_i) = \frac{1}{n^2}\sum_{i=1}^{n}\sigma^2 = \frac{1}{n}\sigma^2$

$E(S^2) = E\left[\frac{1}{n}\sum_{i=1}^{n} X_i^2 - \overline{X}^2\right] = \frac{1}{n}\sum_{i=1}^{n} E(X_i^2) - E(\overline{X}^2)$

$= \frac{1}{n}\sum_{i=1}^{n}\{D(X_i) + [E(X_i)]^2\} - \{D(\overline{X}) + [E(\overline{X})]^2\}$

$= \frac{1}{n}\sum_{i=1}^{n}(\sigma^2 + \mu^2) - \left(\frac{1}{n}\sigma^2 + \mu^2\right) = \frac{n-1}{n}\sigma^2$

22.【大纲考点】t 分布的概念.

【解题思路】若能证明含分子表达式服从标准正态分布、含有分母表达式的平方服从 2 个自由度 χ^2 分布,且分子与分母对应的随机变量相互独立,则本题得解.

【答案解析】因为 $X_1, X_2, \cdots, X_9$ 是来自正态总体 X 的简单随机样本,设 $X \sim N(\mu, \sigma^2)$,则

$$\frac{X_i - \mu}{\sigma} \sim N(0,1), Y_1 = \frac{1}{6}(X_1 + \cdots + X_6) \sim N\left(\mu, \frac{\sigma^2}{6}\right)$$

$$Y_2 = \frac{1}{3}(X_7 + X_8 + X_9) \sim N\left(\mu, \frac{\sigma^2}{3}\right), Y_1 - Y_2 \sim N\left(0, \frac{\sigma^2}{2}\right)$$

$$\frac{\sqrt{2}(Y_1 - Y_2)}{\sigma} \sim N(0,1), \quad \frac{\sqrt{3}(Y_2 - \mu)}{\sigma} \sim N(0,1)$$

又

$$S_1^2 = \frac{1}{2} \sum_{i=7}^{9} (X_i - Y_2)^2 = \frac{1}{2} \sum_{i=7}^{9} [(X_i - \mu) - (Y_2 - \mu)]^2$$

$$= \frac{1}{2} \sum_{i=7}^{9} [(X_i - \mu)^2 + (Y_2 - \mu)^2 - 2(X_i - \mu)(Y_2 - \mu)]$$

$$= \frac{\sigma^2}{2} \left\{ \sum_{i=7}^{9} \left(\frac{X_i - \mu}{\sigma}\right)^2 - \left[\frac{\sqrt{3}(Y_2 - \mu)}{\sigma}\right]^2 \right\}$$

得 $\dfrac{2S_1^2}{\sigma^2} \sim \chi^2(2)$,故

$$\frac{\dfrac{\sqrt{2}(Y_1 - Y_2)}{\sigma}}{\sqrt{\dfrac{2S_1^2}{\sigma^2}}} = \frac{\sqrt{2}(Y_1 - Y_2)}{S_1} = Z \sim t(2)$$

即统计量 $Z = \dfrac{\sqrt{2}(Y_1 - Y_2)}{S_1}$ 服从自由度为 2 的 t 分布.

23.【大纲考点】方差与协方差.

【解题思路】根据方差与数学期望的性质进行计算.

【答案解析】因为 $X_1, X_2, \cdots, X_n (n > 2)$ 为来自总体 $N(0,1)$ 的简单随机样本,所以 $X_1, X_2, \cdots,$ $X_n (n > 2)$ 相互独立,且 $X_i \sim N(0,1)$,所以

$$E(X_i) = 0, D(X_i) = 1 (i = 1, 2, \cdots, n), E(\overline{X}) = 0, D(\overline{X}) = \frac{1}{n}$$

$$E(Y_i) = E(X_i - \overline{X}) = E(X_i) - E(\overline{X}) = 0$$

$$(1) D(Y_i) = D(X_i - \overline{X}) = D\left[\left(1 - \frac{1}{n}\right)X_i - \frac{1}{n}\sum_{j \neq i}^{n} X_j\right]$$

$$= \left(1 - \frac{1}{n}\right)^2 D(X_i) + \frac{1}{n^2} \sum_{j \neq i}^{n} D(X_j) = \frac{(n-1)^2}{n^2} + \frac{1}{n^2} \cdot (n-1) = \frac{n-1}{n}$$

$$(2) \mathrm{Cov}(Y_1, Y_n) = E[(Y_1 - EY_1)(Y_n - EY_n)] = E(Y_1 Y_n) - E(Y_1)E(Y_n)$$

$$= E[(X_1 - \overline{X})(X_n - \overline{X})] - 0 = E(X_1 X_n - X_1 \overline{X} - X_n \overline{X} + \overline{X}^2)$$

$$= E(X_1 X_n) - E\left(\frac{1}{n} X_1 \sum_{i=1}^{n} X_i\right) - E\left(\frac{1}{n} X_n \sum_{i=1}^{n} X_i\right) + E(\overline{X}^2)$$

$$= 0 - \frac{1}{n} E(X_1^2) - \frac{1}{n} E(X_n^2) + D(\overline{X}) + E^2(\overline{X})$$

$$= -\frac{1}{n} - \frac{1}{n} + \frac{1}{n} = -\frac{1}{n}.$$

24.【大纲考点】χ^2 分布.

【解题思路】χ^2 统计量的典型模式就是 $\chi^2(n) = \sum_{i=1}^{n} X_i^2$,其中 $X_i \sim N(0,1)$,且相互独立,所以需要验证:标准正态分布、相互独立,然后求独立标准正态分布的平方和.

【答案解析】因为 $X_i \sim N(0,3^2)(i=1,2,\cdots,6)$,$X_1, X_2, \cdots, X_6$ 相互独立,所以

$$X_1 \sim N(0,3^2), \frac{1}{3} X_1 \sim N(0,1), X_1 + X_2 \sim N(0,18)$$

$$\frac{1}{3\sqrt{2}}(X_2 + X_3) \sim N(0,1), X_4 + X_5 + X_6 \sim N(0,27)$$

$$\frac{1}{3\sqrt{3}}(X_4 + X_5 + X_6) \sim N(0,1)$$

因此 $\left(\frac{1}{3} X_1\right)^2 + \left[\frac{1}{3\sqrt{2}}(X_2 + X_3)\right]^2 + \left[\frac{1}{3\sqrt{3}}(X_4 + X_5 + X_6)\right]^2 \sim \chi^2(3)$

故当 $a=9, b=18, c=27$ 时,$Q = a X_1^2 + b(X_2 + X_3)^2 + c(X_4 + X_5 + X_6)^2$ 服从自由度为 3 的 χ^2 分布.

第七章 参数估计

一、选择题

1.【大纲考点】矩估计法.

【解题思路】根据矩法估计的原理进行判断.

【答案解析】应选(B).

总体的一阶矩为

$$\mu_1 = E(X) = \int_{-\infty}^{+\infty} x f(x) dx = \int_0^1 x \cdot \theta(1-x)^{\theta-1} dx = \frac{1}{\theta+1}$$

以一阶样本矩 $A_1 = \overline{X}$ 代替上式一阶总体矩 μ_1,得方程 $A_1 = \dfrac{1}{\theta+1}$,从中解出 θ,得到 θ 的矩估计量为

$$\hat{\theta} = \frac{1}{A_1} - 1 = \frac{1}{\overline{X}} - 1$$

2.【大纲考点】最大似然估计法.

【解题思路】根据最大似然估计的原理进行判断.

【答案解析】应选(A).

因为 X 的概率密度为 $f(x) = \dfrac{1}{\sqrt{2\pi}\sigma} e^{-\frac{(x-\mu)^2}{2\sigma^2}}$

所以似然函数为 $L(\mu,\sigma^2) = \prod\limits_{i=1}^{n} \dfrac{1}{\sqrt{2\pi}\sigma} e^{-\frac{(x_i-\mu)^2}{2\sigma^2}} = \left(\dfrac{1}{2\pi\sigma^2}\right)^{\frac{n}{2}} e^{-\frac{1}{2\sigma^2}\sum\limits_{i=1}^{n}(x_i-\mu)^2}$

取对数 $\ln L(\mu,\sigma^2) = -\dfrac{n}{2}\ln 2\pi - \dfrac{n}{2}\ln\sigma^2 - \dfrac{1}{2\sigma^2}\sum\limits_{i=1}^{n}(x_i-\mu)^2$

由对数似然方程组

$$\begin{cases} \dfrac{\partial \ln L}{\partial \mu} = \dfrac{1}{\sigma^2}\sum\limits_{i=1}^{n}(x_i-\mu) = 0 \\ \dfrac{\partial \ln L}{\partial \sigma^2} = -\dfrac{n}{2\sigma^2} + \dfrac{1}{2\sigma^4}\sum\limits_{i=1}^{n}(x_i-\mu)^2 = 0 \end{cases}$$

解之得

$$\begin{cases} \mu = \dfrac{1}{n}\sum\limits_{i=1}^{n} x_i \\ \sigma^2 = \dfrac{1}{n}\sum\limits_{i=1}^{n}(x_i-\overline{x})^2 \end{cases}$$

故 μ 与 σ^2 的最大似然估计值为

$$\begin{cases} \hat{\mu} = \overline{x} \\ \hat{\sigma}^2 = \dfrac{1}{n}\sum\limits_{i=1}^{n}(x_i-\overline{x})^2 \end{cases}$$

3.【大纲考点】估计量的评选标准.

【解题思路】根据无偏性、有效性依次判断.

【答案解析】应选(C).

由于

$$E(T) = E\left[a\sum_{i=1}^{n}X_i + b\sum_{j=1}^{m}Y_j\right] = a\sum_{i=1}^{n}E(X_i) + b\sum_{j=1}^{m}E(Y_j) = na\mu + mb\mu = \mu(na+mb)$$

$$D(T) = D\left[a\sum_{i=1}^{n}X_i + b\sum_{j=1}^{m}Y_j\right] = a^2\sum_{i=1}^{n}D(X_i) + b^2\sum_{j=1}^{m}D(Y_j) = na^2 + 4mb^2$$

要使得 T 最有效,则要求在 $na+mb=1$ 的前提下,$D(T)$ 的最小值.根据拉格朗日乘数法可求得

$$a = \frac{4}{4n+m}, b = \frac{1}{4n+m}$$

4.【大纲考点】样本方差和样本矩、估计量的评选标准、最大似然估计量、独立性的概念.

【解题思路】根据辛钦大数定理进行推断.

【答案解析】应选(C).

根据辛钦大数定理,有

$$\frac{1}{n}\sum_{i=1}^{n}X_i^2 \xrightarrow{P} E(X^2), \frac{1}{n}\sum_{i=1}^{n}X_i \xrightarrow{P} E(X)$$

可得 $$S^2 = \frac{1}{n-1}\sum_{i=1}^{n}(X_i - \overline{X})^2 = \frac{1}{n-1}\left(\sum_{i=1}^{n}X_i^2 - n\overline{X}^2\right) \xrightarrow{P} E(X^2) - E^2(X) = \sigma^2$$

$$S = \sqrt{S^2} \xrightarrow{P} \sqrt{\sigma^2} = \sigma$$

故,S 是 σ 的一致估计量.

5.【大纲考点】单个正态总体的均值的区间估计.

【解题思路】由总体方差已知关于总体均值的置信区间公式进行推断.

【答案解析】应选(A).

由于总体 $X \sim N(\mu, \sigma^2)$,σ^2 已知,则总体均值 μ 的置信水平为 $1-\alpha$ 的置信区间为

$$\left(\overline{X} - \frac{\sigma}{\sqrt{n}}z_{\frac{\alpha}{2}}, \overline{X} + \frac{\sigma}{\sqrt{n}}z_{\frac{\alpha}{2}}\right)$$

即置信区间长度 $L = \frac{2\sigma}{\sqrt{n}}z_{\frac{\alpha}{2}}$,因此当 $1-\alpha$ 缩小时,L 缩短.

6.【大纲考点】单个正态总体的均值的区间估计.

【解题思路】根据样本容量与置信区间长度的关系进行判断.

【答案解析】应选(C).

由于总体 $X \sim N(\mu, \sigma^2)$,σ^2 已知,则总体均值 μ 的置信水平为 $1-\alpha$ 的置信区间为

$$\left(\overline{X} - \frac{\sigma}{\sqrt{n}}z_{\frac{\alpha}{2}}, \overline{X} + \frac{\sigma}{\sqrt{n}}z_{\frac{\alpha}{2}}\right)$$

即置信区间长度 $L = \dfrac{2\sigma}{\sqrt{n}} z_{\frac{\alpha}{2}}$,要使得总体均值 μ 的置信度为 $1-\alpha$ 的置信区间的长度不大于 L,则

$$n \geqslant \left[4 \dfrac{\left(z_{\frac{\alpha}{2}} \sigma\right)^2}{L^2} \right]$$

7.【大纲考点】单个正态总体的均值的区间估计.

【解题思路】根据总体方差已知,对总体均值的置信区间进行判断.

【答案解析】应选(B).

总体 $X \sim N(\mu, \sigma^2)$,σ^2 已知,未知参数 μ 的置信水平为 α 的置信区间为

$$\left(\overline{X} - \dfrac{\sigma}{\sqrt{n}} z_{\frac{\alpha}{2}}, \overline{X} + \dfrac{\sigma}{\sqrt{n}} z_{\frac{\alpha}{2}} \right)$$

而 $z_{\frac{\alpha}{2}} = z_{0.025} = 1.96$,从而 μ 的置信水平为 0.95 的置信区间是 $\left(\overline{X} - 1.96 \dfrac{\sigma}{\sqrt{n}}, \overline{X} + 1.96 \dfrac{\sigma}{\sqrt{n}} \right)$.

8.【大纲考点】单个正态总体的均值的区间估计.

【解题思路】根据总体方差已知,总体均值的置信区间与置信水平的关系进行推断.

【答案解析】应选(A).

根据总体 $X \sim N(\mu, \sigma^2)$,σ^2 已知,未知参数 μ 置信区间为

$$\left(\overline{X} - z_{0.025} \dfrac{\sigma}{\sqrt{n}}, \overline{X} + z_{0.025} \dfrac{\sigma}{\sqrt{n}} \right)$$

由此可知,$\dfrac{\alpha}{2} = 0.025$,所以 $\alpha = 0.05$,$1 - \alpha = 0.95$.

9.【大纲考点】单个正态总体的均值的区间估计.

【解题思路】根据总体方差未知,对总体均值的置信区间进行推断.

【答案解析】应选(B).

总体 $X \sim N(\mu, \sigma^2)$,而 μ, σ^2 为未知参数,关于 μ 的置信水平为 $1-\alpha$ 的置信区间

$$\left(\overline{X} - t_{\frac{\alpha}{2}}(n-1) \dfrac{S}{\sqrt{n}}, \overline{X} + t_{\frac{\alpha}{2}}(n-1) \dfrac{S}{\sqrt{n}} \right)$$

而 $\quad S^2 = \dfrac{1}{n-1} \sum_{i=1}^{n} (X_i - \overline{X})^2 = \dfrac{n}{n-1} S_n^2$

从而 μ 的置信水平为 $1-\alpha$ 的置信区间为

$$\left(\overline{X} - t_{\frac{\alpha}{2}}(n-1) \dfrac{S_n}{\sqrt{n-1}}, \overline{X} + t_{\frac{\alpha}{2}}(n-1) \dfrac{S_n}{\sqrt{n-1}} \right)$$

10.【大纲考点】单个正态总体的均值的区间估计.

【解题思路】本题考查的是总体方差未知时,期望的区间估计.应选取统计量 $T = \dfrac{\sqrt{n}(\overline{X} - \mu)}{S} \sim t(n-1)$.

【答案解析】应选(C).

由于 μ, σ^2 均未知,故选取函数 $T = \dfrac{\sqrt{n}(\overline{X}-\mu)}{S} \sim t(n-1)$,故 μ 的置信度为 0.90 的置信区间为

$$\left(\overline{x} - \dfrac{1}{\sqrt{n}}t_{\frac{\alpha}{2}}(n-1), \overline{x} + \dfrac{1}{\sqrt{n}}t_{\frac{\alpha}{2}}(n-1)\right)$$

即

$$\left(20 - \dfrac{1}{4}t_{0.05}(15), 20 + \dfrac{1}{4}t_{0.05}(15)\right)$$

11.【大纲考点】单个正态总体的方差的区间估计.

【解题思路】依据总体均值已知,计算总体方差的置信区间.

【答案解析】应选(B).

注意到 $\dfrac{X_i - \mu_0}{\sigma} \sim N(0,1)$,所以 $\left(\dfrac{X_i - \mu_0}{\sigma}\right)^2 \sim \chi^2(1)$,进而 $\sum\limits_{i=1}^{n}\left(\dfrac{X_i - \mu}{\sigma}\right)^2 \sim \chi^2(n)$. 由已知条件知,$\sigma^2$ 的 $1-\alpha$ 的置信区间为

$$\left(\dfrac{1}{\chi^2_{1-\frac{\alpha}{2}}(n)}\sum_{i=1}^{n}(X_i - \mu_0)^2, \dfrac{1}{\chi^2_{\frac{\alpha}{2}}(n)}\sum_{i=1}^{n}(X_i - \mu_0)^2\right)$$

二、填空题

12.【大纲考点】矩估计法.

【解题思路】依据矩估计的基本原理进行计算.

【答案解析】应填 $\overline{X}^{-1}$.

因为总体一阶矩为 $a_1 = E(X) = \mu$,而 $E(X) = \sum\limits_{i=1}^{+\infty} ip(1-p)^{i-1} = p^{-1}$,用样本矩去估计总体矩,即令 $\mu = p^{-1}$,故得 p 的矩估计量为 $\hat{p} = \mu^{-1} = \overline{X}^{-1}$.

13.【大纲考点】矩估计法.

【解题思路】根据矩估计的基本原理进行计算.

【答案解析】应填 $2\overline{X}$.

由于

$$f(x) = \begin{cases} \dfrac{1}{\theta}, & 0 < x < \theta \\ 0, & \text{其他} \end{cases}$$

从而

$$E(X) = \int_{-\infty}^{+\infty} x f(x) \mathrm{d}x = \int_{0}^{\theta} x \cdot \dfrac{1}{\theta} \mathrm{d}x = \dfrac{\theta}{2}$$

故未知参数 θ 的矩法估计量为

$$\hat{\theta} = 2 \cdot \dfrac{1}{n}\sum_{i=1}^{n} X_i = 2\overline{X}$$

14.【大纲考点】矩估计法.

【解题思路】依据矩估计的基本原理进行计算.

【答案解析】应填 $3\overline{X}$.

设 $X_1, X_2, \cdots, X_n$ 是来自 X 的一个样本. 由已知总体 X 的一阶矩为

$$E(X) = \int_{-\infty}^{+\infty} x f(x;\theta) \mathrm{d}x = \int_0^\theta x \cdot \frac{2}{\theta^2}(\theta - x) \mathrm{d}x = \frac{\theta}{3}$$

令 $E(X) = \overline{X}$,可得 θ 的矩估计量为 $\hat{\theta} = 3\overline{X}$.

15.【大纲考点】矩估计法.

【解题思路】依据矩估计的基本原理进行计算.

【答案解析】应填 $\overline{X} - 1$.

由于

$$E(X) = \int_{-\infty}^{+\infty} x f(x;\theta) \mathrm{d}x = \int_\theta^{+\infty} x \cdot \mathrm{e}^{-(x-\theta)} \mathrm{d}x = 1 + \theta$$

于是由 $E(X) = \overline{X}$ 解得未知参数 θ 的矩估计量是 $\hat{\theta} = \overline{X} - 1$.

16.【大纲考点】最大似然估计法.

【解题思路】依据离散型随机变量的最大似然估计方法进行推演.

【答案解析】应填 $\dfrac{1}{\overline{X}}$.

设 $x_1, x_2, \cdots, x_n$ 取自总体 X 的一组样本观测值,则似然函数为

$$L = \prod_{k=1}^n P\{X_k = x_k\} = p^n (1-p)^{\sum_{k=1}^n (x_k - 1)}$$

取对数
$$\ln L = n \ln p + \sum_{k=1}^n (x_k - 1) \cdot \ln(1-p)$$

由对数似然方程,得
$$\frac{\mathrm{d}(\ln L)}{\mathrm{d}p} = \frac{n}{p} - \frac{\sum_{k=1}^n (x_i - 1)}{1-p} = 0$$

解得参数 p 的最大似然估计值为 $\hat{p} = \dfrac{1}{\overline{x}}$,最大似然估计量为 $\hat{p} = \dfrac{1}{\overline{X}}$.

17.【大纲考点】最大似然估计法.

【解题思路】根据最大似然估计法的思想进行计算.

【答案解析】应填 $1 - \Phi\left(\dfrac{2 - \overline{X}}{S}\right)$.

由题设可知 $\hat{\mu} = \overline{X}, \hat{\sigma} = S$,且

$$p = P\{X \geqslant 2\} = 1 - P\{X < 2\} = 1 - P\left\{\frac{X - \mu}{\sigma} < \frac{2 - \mu}{\sigma}\right\} = 1 - \Phi\left(\frac{2 - \mu}{\sigma}\right)$$

故 $p = P\{X \geqslant 2\}$ 的最大似然估计量为

$$\hat{p} = 1 - \Phi\left(\frac{2 - \hat{\mu}}{\hat{\sigma}}\right) = 1 - \Phi\left(\frac{2 - \overline{X}}{S}\right)$$

18.【大纲考点】单个正态总体的均值的区间估计.

【解题思路】根据总体方差已知,总体均值的置信区间公式进行计算.

【答案解析】应填 $(4.269\ 33, 4.458\ 67)$.

由题意知，$n=5, \alpha=0.05, \sigma=0.108, \overline{x}=4.364, z_{\frac{\alpha}{2}}=z_{0.025}=1.96$，于是

$$\overline{x} - \frac{\sigma}{\sqrt{n}} z_{\frac{\alpha}{2}} = 4.364 - \frac{0.108}{\sqrt{5}} \times 1.96 \approx 4.269\ 33$$

$$\overline{x} + \frac{\sigma}{\sqrt{n}} z_{\frac{\alpha}{2}} = 4.364 + \frac{0.108}{\sqrt{5}} \times 1.96 \approx 4.458\ 67$$

故均值 μ 的置信水平为 0.95 的置信区间为 $(4.269\ 33, 4.458\ 67)$.

19.【大纲考点】单个正态总体的均值的区间估计.

【解题思路】根据总体方差未知，计算总体均值的置信区间.

【答案解析】应填 $(2.964\ 74, 3.135\ 26)$.

置信水平 $1-\alpha=0.95, \alpha=0.05, n=16$. 又 $t_{\frac{\alpha}{2}}(n-1)=t_{0.025}(15)=2.131\ 4$. 又由题设可知 $n=16, \overline{x}=3.05, s=0.16$. 于是

$$\overline{x} - t_{\frac{\alpha}{2}}(n-1) \cdot \frac{s}{\sqrt{n}} = 3.05 - 2.1314 \times \frac{0.16}{\sqrt{16}} \approx 2.964\ 74$$

$$\overline{x} + t_{\frac{\alpha}{2}}(n-1) \cdot \frac{s}{\sqrt{n}} = 3.05 + 1.7531 \times \frac{0.16}{\sqrt{16}} \approx 3.135\ 26$$

因此，μ 的 0.95 置信区间为 $(2.964\ 74, 3.135\ 26)$.

三、解答题

20.【大纲考点】矩估计法.

【解题思路】依据矩估计法的原理进行计算.

【答案解析】总体 X 的一阶原点矩为

$$\mu_1 = E(X) = 1 \times \theta^2 + 2 \times (1-\theta-2\theta^2) + 3 \times (\theta^2+\theta) = 2+\theta$$

以一阶样本矩 $A_1 = \overline{X}$ 代替上式一阶总体矩 μ_1，得方程 $A_1 = 2+\theta$. 从中解出 θ，得到 θ 的矩估计量为 $\hat{\theta} = 2 - A_1 = 2 - \overline{X}$. 将样本值 $2,3,2,1,3,1,2,3,3$ 代入上式，则得 θ 的矩估计值为 $\hat{\theta} = \frac{2}{9}$.

21.【大纲考点】矩估计法.

【解题思路】依据矩估计法的原理进行计算.

【答案解析】总体的一阶矩为

$$\mu_1 = E(X) = \int_{-\infty}^{+\infty} x f(x;\theta) \mathrm{d}x = \int_0^1 x(\theta+2) x^{\theta+1} \mathrm{d}x = \frac{\theta+2}{\theta+3} x^{\theta+2} \Big|_0^1 = \frac{\theta+2}{\theta+3}$$

以一阶样本矩 $A_1 = \overline{X}$ 代替上式一阶总体矩 μ_1，得方程 $A_1 = \frac{\theta+2}{\theta+3}$，从中解出 θ，得到 θ 的矩估计量为

$$\hat{\theta} = \frac{3A_1 - 2}{1 - A_1} = \frac{3\overline{X} - 2}{1 - \overline{X}}$$

22.【大纲考点】矩估计法.

【解题思路】依据矩估计法的原理进行计算.

【答案解析】总体 X 的一阶矩、二阶矩分别为

$$\mu_1 = E(X) = \mu$$
$$\mu_2 = E(X^2) = D(X) + [E(X)]^2 = \sigma^2 + \mu^2$$

分别以一阶、二阶样本矩 A_1, A_2 代替上式中的 μ_1, μ_2,得方程组

$$\begin{cases} A_1 = \mu \\ A_2 = \sigma^2 + \mu^2 \end{cases}$$

解上述方程组,得 μ 和 σ^2 的矩估计量分别为

$$\hat{\mu} = A_1 = \overline{X}, \hat{\sigma}^2 = A_2 - A_1^2 = \frac{1}{n}\sum_{i=1}^{n} X_i^2 - \overline{X}^2 = \frac{1}{n}\sum_{i=1}^{n}(X_i - \overline{X})^2$$

23.【大纲考点】矩估计法、最大似然估计法.

【解题思路】根据矩估计法与最大似然估计法的原理进行计算.

【答案解析】由题设可知:$E(X) = mp$,故 $\overline{X} = m\hat{p}_{矩}$,即 p 的矩估计 $\hat{p}_{矩} = \dfrac{\overline{X}}{m}$.

求最大似然估计,因为似然函数为

$$L(p) = \prod_{i=1}^{n} P\{X_i = x_i\} = \prod_{i=1}^{n} [C_m^{x_i} p^{x_i}(1-p)^{m-x_i}]$$

$$= \left(\prod_{i=1}^{n} C_m^{x_i}\right) p^{\sum_{i=1}^{n} x_i} \cdot (1-p)^{mn - \sum_{i=1}^{n} x_i}$$

取对数,有

$$\ln L = \ln\left(\prod_{i=1}^{n} C_m^{x_i}\right) + \sum_{i=1}^{n} x_i \cdot \ln p + \left(mn - \sum_{i=1}^{n} x_i\right)\ln(1-p)$$

可得

$$\frac{d\ln L}{dp} = \frac{1}{p}\sum_{i=1}^{n} x_i - \frac{1}{1-p}\left(mn - \sum_{i=1}^{n} x_i\right)$$

令 $\dfrac{d\ln L}{dp} = 0$,解之得 $p = \dfrac{1}{mn}\sum_{i=1}^{n} x_i = \dfrac{\overline{x}}{m}$,故 p 的最大似然估计为 $\hat{p}_{最大} = \dfrac{\overline{X}}{m}$.

24.【大纲考点】最大似然估计法.

【解题思路】根据最大似然估计法的原理进行计算.

【答案解析】总体 X 的分布律 $P\{X = k\} = \dfrac{\lambda^k}{k!}e^{-\lambda}, k = 0, 1, 2, \cdots$.

似然函数为

$$L(\lambda) = \prod_{i=1}^{n} \frac{\lambda^{x_i}}{x_i!}e^{-\lambda} = \frac{\lambda^{\sum_{i=1}^{n} x_i}}{x_1! \cdot x_2! \cdot \cdots \cdot x_n!}e^{-n\lambda}$$

而

$$\ln L(\lambda) = \left(\sum_{i=1}^{n} x_i\right)\ln\lambda - n\lambda - \ln(x_1! \cdot x_2! \cdot \cdots \cdot x_n!)$$

令

$$\frac{d\ln L(\lambda)}{d\lambda} = \frac{1}{\lambda} \cdot \sum_{i=1}^{n} x_i - n = 0$$

解之得

$$\lambda = \frac{1}{n}\sum_{i=1}^{n} x_i$$

故，λ 的最大似然估计量为 $\hat{\lambda} = \dfrac{1}{n}\sum_{i=1}^{n}X_i = \overline{X}$.

25.【大纲考点】矩估计法、最大似然估计法．

【解题思路】根据矩估计法与最大似然估计法的原理进行计算．

【答案解析】(1) 将被估计的参数 a,b 分别表示为总体矩的函数，设 $E(X)=\mu,D(X)=\sigma^2$，则

$$E(X)=\mu=\dfrac{a+b}{2},D(X)=\sigma^2=\dfrac{(b-a)^2}{12}$$

建立关于 a,b 的方程组，有

$$\begin{cases} a+b=2\mu \\ b-a=2\sqrt{3}\sigma \end{cases}$$

解之得 $a=\mu-\sqrt{3}\sigma, b=\mu+\sqrt{3}\sigma$，因此 a 与 b 的矩估计值分别为 $\hat{a}=\hat{\mu}-\sqrt{3}\hat{\sigma},\hat{b}=\hat{\mu}+\sqrt{3}\hat{\sigma}$，其中 $\hat{\mu}=\overline{X}=\dfrac{1}{n}\sum_{i=1}^{n}X_i,\hat{\sigma}=\sqrt{\dfrac{1}{n}\sum_{i=1}^{n}(X_i-\overline{X})^2}$.

(2) 记 $x_{(1)}=\min(x_1,x_2,\cdots,x_n),x_{(n)}=\max(x_1,x_2,\cdots,x_n)$．由题设可知，总体 X 的密度函数为

$$f(x;a,b)=\begin{cases} \dfrac{1}{b-a}, & a\leqslant x\leqslant b \\ 0, & \text{其他} \end{cases}$$

因此，似然函数为

$$L(a,b)=\begin{cases} \dfrac{1}{(b-a)^n}, & a\leqslant x_i\leqslant b(i=1,2,\cdots,n) \\ 0, & \text{其他} \end{cases}$$

又因为由似然方程组 $\dfrac{\partial\ln L(a,b)}{\partial a}=\dfrac{n}{(b-a)^{n+1}}=0,\dfrac{\partial\ln L(a,b)}{\partial b}=-\dfrac{n}{(b-a)^{n+1}}=0$，求不出 a,b，故不能用解似然方程组的方法求出 a 和 b 的最大似然估计．

根据最大似然原理，可确定似然函数 $L(a,b)$ 的最大值点，由 $L(a,b)$ 的表示式可看出，要使 $L(a,b)$ 达到最大，只需 $b-a$ 尽量小，即 a 要尽量大，且 b 要尽量小．注意到 $a\leqslant x_{(1)},b\geqslant x_{(n)}$，即当 $a=x_{(1)},b=x_{(n)}$ 时，似然函数取到极大值．故 a,b 的最大似然估计值为

$$\hat{a}=x_{(1)}=\min(x_1,x_2,\cdots,x_n),\hat{b}=x_{(n)}=\max(x_1,x_2,\cdots,x_n)$$

a,b 的最大似然估计量为

$$\hat{a}=X_{(1)}=\min(X_1,X_2,\cdots,X_n),\hat{b}=X_{(n)}=\max(X_1,X_2,\cdots,X_n)$$

26.【大纲考点】矩估计法、最大似然估计法．

【解题思路】根据矩估计法与最大似然估计法的原理进行计算．

【答案解析】(1) 总体均值为

$$E(X)=0\times\theta^2+1\times2\theta(1-\theta)+2\times\theta^2+3\times(1-2\theta)=3-4\theta$$

样本均值为
$$\bar{x} = \frac{1}{8} \times (3+1+3+0+3+1+2+3) = 2$$

令 $E(X) = \bar{x}$,即 $3 - 4\theta = 2$,解得 θ 的矩估计值为 $\hat{\theta} = \frac{1}{4}$.

(2) 对于给定的样本值,$X = 0(1个), 1(2个), 2(1个), 3(4个)$,似然函数为
$$L(\theta) = 4\theta^6(1-\theta)^2(1-2\theta)^4$$

取对数
$$\ln L(\theta) = \ln 4 + 6\ln\theta + 2\ln(1-\theta) + 4\ln(1-2\theta)$$

令
$$\frac{d\ln L(\theta)}{d\theta} = \frac{6}{\theta} - \frac{2}{1-\theta} - \frac{8}{1-2\theta} = \frac{6 - 28\theta + 24\theta^2}{\theta(1-\theta)(1-2\theta)} = 0$$

解得 $\theta_{1,2} = \frac{7 \pm \sqrt{13}}{12}$,舍去 $\theta_1 = \frac{7+\sqrt{13}}{12} > \frac{1}{2}$,故 θ 的最大似然估计值为 $\hat{\theta} = \frac{7-\sqrt{13}}{12}$.

27.【大纲考点】最大似然估计法.

【解题思路】根据最大似然估计法的原理进行计算.

【答案解析】由 X 的概率密度得关于样本 $X_1, X_2, \cdots, X_n$ 的似然函数为
$$L = L(x_1, x_2, \cdots, x_n; \theta) = \prod_{i=1}^{n} f(x_i; \theta) = \theta^n e^{-\theta \sum_{i=1}^{n} x_i}, \quad x_i \geqslant 0$$

在上式两端取对数,得
$$\ln L = n\ln\theta - \theta \sum_{i=1}^{n} x_i$$

求导数并令其等于零,有
$$\frac{d\ln L}{d\theta} = \frac{n}{\theta} - \sum_{i=1}^{n} x_i = 0$$

从而可解得 θ 的最大似然估计值为
$$\hat{\theta} = \frac{1}{\frac{1}{n}\sum_{i=1}^{n} x_i} = \frac{1}{\bar{X}}$$

由抽样数据可以求得 $\bar{x} = \frac{1}{n}\sum_{i=1}^{n} x_i = 1\,168$,因而 $\hat{\theta} = \frac{1}{1\,168} \approx 0.000\,86$.

28.【大纲考点】矩估计法.

【解题思路】根据矩估计法的原理进行计算.

【答案解析】(1) 因为 $E(X) = \int_{-\infty}^{+\infty} x f(x;\theta) dx = \int_{c}^{+\infty} \frac{6x^2}{\theta^3}(\theta-x) dx = \frac{\theta}{2}$.设 $\bar{X} = \frac{1}{n}\sum_{i=1}^{n} X_i$,令 $\frac{\theta}{2} = \bar{X}$,得 θ 的矩估计量为 $\hat{\theta} = 2\bar{X}$.

(2) 因为 $E(X^2) = \int_{-\infty}^{+\infty} x^2 f(x;\theta) dx = \int_{c}^{+\infty} \frac{6x^3}{\theta^3}(\theta-x) dx = \frac{6\theta^2}{20}$

$$D(X) = E(X^2) - [E(X)]^2 = \frac{\theta^2}{20}$$

所以 $\hat{\theta} = 2\bar{X}$ 的方差为

$$D(\hat{\theta}) = D(2\overline{X}) = 4D(\overline{X}) = \frac{4}{n}D(X) = \frac{\theta^2}{5n}$$

29.【大纲考点】估计量的评选标准.

【解题思路】根据无偏估计的概念进行推证.

【答案解析】由泊松分布的性质可知 $X \sim \pi(\lambda), E(X) = \lambda, D(X) = \lambda$.

(1) 因为 $X_1, X_2, \cdots, X_n$ 相互独立,且 $E(X_i) = E(X) = \lambda, D(X_i) = D(X) = \lambda, i = 1, 2, \cdots, n$.所以有

$$E(\overline{X}) = E\left(\frac{1}{n}\sum_{i=1}^{n}X_i\right) = \frac{1}{n}\sum_{i=1}^{n}E(X_i) = \frac{1}{n} \cdot n\lambda = \lambda$$

$$D(\overline{X}) = D\left(\frac{1}{n}\sum_{i=1}^{n}X_i\right) = \frac{1}{n^2}\sum_{i=1}^{n}D(X_i) = \frac{1}{n^2} \cdot n\lambda = \frac{\lambda}{n}$$

由 $D(X)$ 与 $E(X)$ 的关系式 $D(X) = E(X^2) - [E(X)]^2$ 可知

$$[E(X)]^2 = D(X) + E(X^2) = \frac{\lambda}{n} + \lambda^2 \neq \lambda$$

根据无偏估计的定义可知 $\overline{X}$ 为 λ 的无偏估计,而 $\overline{X}^2$ 不是 λ^2 的无偏估计.

(2) 因为 $\frac{1}{n}\sum_{i=1}^{n}X_i(X_i - 1) = \frac{1}{n}\sum_{i=1}^{n}X_i^2 - \frac{1}{n}\sum_{i=1}^{n}X_i = \frac{1}{n}\sum_{i=1}^{n}X_i^2 - \overline{X}$

可得

$$E\left(\frac{1}{n}\sum_{i=1}^{n}X_i(X_i-1)\right) = E\left(\frac{1}{n}\sum_{i=1}^{n}X_i^2 - \overline{X}\right) = \frac{1}{n}\sum_{i=1}^{n}[D(X_i) + (E(X_i))^2] - E(\overline{X}) = \lambda^2$$

故样本函数 $\frac{1}{n}\sum_{i=1}^{n}X_i(X_i-1)$ 是 λ^2 的无偏估计.

30.【大纲考点】估计量的评选标准.

【解题思路】根据估计量的无偏性和有效性进行计算比较.

【答案解析】根据正态分布的性质可知:$E(X_i) = E(X) = \mu, i = 1, 2, 3$.从而有

$$E(\hat{\mu}_1) = E\left(\frac{X_1}{2} + \frac{X_2}{3} + \frac{X_3}{6}\right) = \frac{1}{2}E(X_1) + \frac{1}{3}E(X_2) + \frac{1}{6}E(X_3) = \mu$$

$$E(\hat{\mu}_2) = E\left(\frac{X_1}{2} + \frac{X_2}{4} + \frac{X_3}{4}\right) = \frac{1}{2}E(X_1) + \frac{1}{4}E(X_2) + \frac{1}{4}E(X_3) = \mu$$

$$E(\hat{\mu}_3) = E\left(\frac{X_1}{3} + \frac{X_2}{3} + \frac{X_3}{3}\right) = \frac{1}{3}E(X_1) + \frac{1}{3}E(X_2) + \frac{1}{3}E(X_3) = \mu$$

故 $E(\hat{\mu}_1), E(\hat{\mu}_2), E(\hat{\mu}_3)$ 都是总体均值 μ 的无偏估计量.

因为样本 X_1, X_2, X_3 是相互独立的,且根据正态分布总体的性质可知:$D(X_i) = D(X) = \sigma^2, i = 1, 2, 3$,所以

$$D(\hat{\mu}_1) = D\left(\frac{X_1}{2} + \frac{X_2}{3} + \frac{X_3}{6}\right) = \frac{1}{4}D(X_1) + \frac{1}{9}D(X_2) + \frac{1}{36}D(X_3) = \frac{7}{18}\sigma^2$$

$$D(\hat{\mu}_2) = D\left(\frac{X_1}{2} + \frac{X_2}{4} + \frac{X_3}{4}\right) = \frac{1}{4}E(X_1) + \frac{1}{16}(E(X_2) + E(X_3)) = \frac{3}{8}\sigma^2$$

$$D(\hat{\mu}_3) = D\left(\frac{X_1}{3} + \frac{X_2}{3} + \frac{X_3}{3}\right) = \frac{1}{9}E(X_1) + \frac{1}{9}(E(X_2) + E(X_3)) = \frac{1}{3}\sigma^2$$

即 $D(\hat{\mu}_3) = \frac{1}{3}\sigma^2 < D(\hat{\mu}_2) = \frac{3}{8}\sigma^2 < \frac{7}{18}\sigma^2 = D(\hat{\mu}_1)$，因此，估计量 $\hat{\mu}_3$ 更有效.

31.【大纲考点】单个正态总体均值的置信区间.

【解题思路】注意到总体方差已知,因此其置信区间为 $\left(\overline{x} - \frac{\sigma}{\sqrt{n}}z_{\frac{\alpha}{2}}, \overline{x} - \frac{\sigma}{\sqrt{n}}z_{\frac{\alpha}{2}}\right)$.

【答案解析】给定的置信水平为 $1 - \alpha = 0.95, \alpha = 0.05, n = 100$, 由已知得 $z_{\frac{\alpha}{2}} = z_{0.025} = 1.96$. 于是由已知条件,有

$$\overline{x} - \frac{\sigma}{\sqrt{n}}z_{\frac{\alpha}{2}} = 80 - \frac{12}{\sqrt{100}} \times 1.96 \approx 77.65, \overline{x} + \frac{\sigma}{\sqrt{n}}z_{\frac{\alpha}{2}} = 80 + \frac{12}{\sqrt{100}} \times 1.96 \approx 82.35$$

因此该地旅游者平均消费额 μ 的置信水平为 0.95 的置信区间为 (77.65, 82.35), 即在已知 $\sigma = 12$ 的情形下,可以 95% 的置信度认为每个旅游者的平均消费额在 77.65 ~ 82.35 元之间.

32.【大纲考点】单个正态总体的均值的置信区间.

【解题思路】利用总体方差未知,求解总体均值的置信区间.

【答案解析】本题是在总体 X 的方差 σ^2 未知的情形下,总体 X 均值的区间估计问题. 这里 $n = 5$, $1 - \alpha = 0.95, \alpha = 0.05$. 又 $t_{\frac{\alpha}{2}}(n-1) = t_{0.025}(8) = 2.3060$. 由样本观测值可求得 $\overline{x} = 15, s = 0.21213$. 则有

$$\overline{x} - \frac{s}{\sqrt{n}}t_{\frac{\alpha}{2}}(n-1) = 15 - \frac{0.21213}{\sqrt{9}} \times 2.3060 \approx 14.8369$$

$$\overline{x} + \frac{s}{\sqrt{n}}t_{\frac{\alpha}{2}}(n-1) = 15 + \frac{0.21213}{\sqrt{9}} \times 2.3060 \approx 15.1631$$

因此, μ 的置信水平为 0.95 的置信区间为 (14.8369, 15.1631).

33.【大纲考点】两个正态总体的均值差的置信区间.

【解题思路】根据两个正态总体方差相等,求解均值差的置信区间.

【答案解析】根据实际情况,可认为来自不同正态总体的两个样本是相互独立的,而且已知两个总体的方差相等且未知.由题意, $1 - \alpha = 0.95, \alpha = 0.05, n_1 = 10, n_2 = 10$. 由已知 $t_{\frac{\alpha}{2}}(n_1 + n_2 - 2) = t_{0.025}(18) = 2.1009$. 由样本观测值计算得 $\overline{x} = 600, \overline{y} = 570, s_1^2 = \frac{6400}{9}, s_2^2 = \frac{2400}{9}$. 于是

$$(\overline{x} - \overline{y}) - t_{\frac{\alpha}{2}}(n_1 + n_2 - 2)s_w\sqrt{\frac{1}{n_1} + \frac{1}{n_2}}$$

$$= (600 - 570) - 2.1009 \times \sqrt{\frac{4400}{9}} \times \sqrt{\frac{1}{10} + \frac{1}{10}} \approx 50.77426$$

$$(\overline{x} - \overline{y}) + t_{\frac{\alpha}{2}}(n_1 + n_2 - 2)s_w\sqrt{\frac{1}{n_1} + \frac{1}{n_2}}$$

$$= (600-570) + 2.100\,9 \times \sqrt{\frac{4\,400}{9}} \times \sqrt{\frac{1}{10}+\frac{1}{10}} \approx 9.225\,74$$

因此,所求 $\mu_1 - \mu_2$ 的置信水平为 0.95 的置信区间为 $(9.225\,74, 50.774\,26)$.

34. 【大纲考点】两个正态总体的方差比的置信区间.

【解题思路】依据两个正态总体的方差比的置信区间公式进行求解.

【答案解析】由题意,$n_1 = 21, n_2 = 26, 1-\alpha = 0.95, s_1^2 = 260, s_2^2 = 280$.由已知,有

$$F_{\frac{\alpha}{2}}(n_1-1, n_2-1) = F_{0.025}(20, 25) = 2.30$$

$$F_{1-\frac{\alpha}{2}}(n_1-1, n_2-1) = F_{0.975}(20, 25) = \frac{1}{F_{0.025}(25, 20)} = \frac{1}{2.40}$$

得 $\dfrac{\sigma_1^2}{\sigma_2^2}$ 的置信水平为 0.95 的置信区间为

$$\left(\frac{1}{F_{\frac{\alpha}{2}}(n_1-1, n_2-1)} \cdot \frac{s_1^2}{s_2^2}, \frac{1}{F_{1-\frac{\alpha}{2}}(n_1-1, n_2-1)} \cdot \frac{s_1^2}{s_2^2}\right) = (0.403\,73, 2.22\,86)$$

【名师评注】两个正态总体方差比的置信区间的意义:若 $\dfrac{\sigma_1^2}{\sigma_2^2}$ 的置信下限大于 1,则可认为 $\sigma_1^2 > \sigma_2^2$;若 $\dfrac{\sigma_1^2}{\sigma_2^2}$ 的置信上限小于 1,则可认为 $\sigma_1^2 < \sigma_2^2$;若 $\dfrac{\sigma_1^2}{\sigma_2^2}$ 的置信区间包含 1,则可认为 σ_1^2 与 σ_2^2 没有显著差异.本例的结果表明,男、女大学生生活费支出的方差没有显著差异.

第八章 假设检验(数学一)

一、选择题

1.【大纲考点】假设检验的两类错误.

【解题思路】根据两类错误与样本容量的关系进行判断.

【答案解析】应选(B).

根据假设检验的基本原理,若增大样本容量,则犯两类错误的概率都将减少.

2.【大纲考点】显著性检验的基本思想.

【解题思路】根据假设检验的两类错误进行判断.

【答案解析】应选(C).

由于假设检验的推理方法是建立在实际推断原理基础上的,对原假设 H_0 是否成立所做出的判断并不是绝对正确的,可能犯下述两类错误:一类错误称为"弃真",是指当原假设 H_0 客观上为真时,却做出了拒绝 H_0 的决策,即犯了"以真为假"的错误,称之为第一类错误,犯第一类错误的概率记为 α;另一类错误称为"取伪",是指当原假设 H_0 实际上不真时,却做出了接受 H_0 的决策,即犯了"以假为真"的错误,称之为第二类错误,犯第二类错误的概率记为 β.

3.【大纲考点】显著性检验.

【解题思路】依据检验假设的显著性水平和拒绝域的概念进行判断.

【答案解析】应选(A).

显著性水平 α 越小,接受域的范围就越大,也就是在显著水平 $\alpha=0.01$ 下的接受域包含在 $\alpha=0.05$ 之下的接受域内.若在显著水平 $\alpha=0.05$ 下接受 $H_0:\mu=\mu_0$,也就是检验统计量的观测值落在接受域内,则此观测值也一定落在 $\alpha=0.01$ 的接受域内,因而此时接受 H_0.

4.【大纲考点】显著性检验的基本思想.

【解题思路】根据检验假设的基本原理和基本思想进行计算.

【答案解析】应选(A).

根据假设检验中显著水平 α 的定义,$\alpha=P\{$拒绝 $H_0 \mid H_0$ 为真$\}$,从而 $1-\alpha=P\{$接受 $H_0 \mid H_0$ 为真$\}$,因此选(A).而(B),(C),(D)分别反映的是条件概率 $P\{$拒绝 $H_0 \mid H_0$ 不真$\}$,$P\{H_0$ 为真 $\mid$ 接受 $H_0\}$,$P\{H_0$ 不真 $\mid$ 拒绝 $H_0\}$,由假设检验中犯两类错误的概率之间的关系知,这些条件概率一般不能由 α 所唯一确定,故(B),(C),(D) 一般是不正确的.

二、填空题

5.【大纲考点】两类错误概念.

【解题思路】根据两类错误的概念进行计算.

【答案解析】应填 $\dfrac{1}{4}$,$\dfrac{9}{16}$.

根据假设检验两类错误的意义可知

$$\alpha = P\left\{X_1 \geqslant \frac{2}{3} \,\Big|\, H_0\right\} = \int_{\frac{2}{3}}^{2} \frac{1}{2} \mathrm{d}x = \frac{1}{4}, \quad \beta = P\left\{X_1 < \frac{2}{3} \,\Big|\, H_1\right\} = \int_{0}^{\frac{2}{3}} \frac{x}{2} \mathrm{d}x = \frac{9}{16}$$

6.【大纲考点】总体方差的假设检验.

【解题思路】考查假设 χ^2 检验统计量的应用.

【答案解析】应填 15,接受.

$$H_0: \sigma^2 \leqslant 0.06, H_1: \sigma^2 > 0.06$$

在 H_0 成立的条件下,选取统计量,有

$$\chi^2 = \frac{(n-1)S^2}{\sigma^2} = \frac{(n-1)S^2}{\sigma_0^2} = \frac{(n-1)S^2}{0.06}$$

在 $\alpha = 0.025$ 下,拒绝域 $W = \{\chi^2 \mid \chi^2 \geqslant \chi_{0.025}^2(9) = 19.203\}$,将 $s^2 = 0.10, n = 10$ 代入得

$$\chi^2 = \frac{(n-1)s^2}{\sigma^2} = \frac{9 \times 0.10}{0.06} = 15 < 19.023$$

故接受 H_0.

三、解答题

7.【大纲考点】单个正态总体均值的假设检验.

【解题思路】首先写出原假设与备择假设,其次选取合适的统计量,再次依据备择假设写出拒绝域,最后根据所给数据,算出检验统计量的观测值,从而做出统计推断.

【答案解析】设 $H_0: \mu = 1\,600, H_1: \mu \neq 1\,600$.

若 H_0 是正确的,即样本 $(X_1, X_2, \cdots, X_{25})$ 来自正态总体 $N(1\,600, 150^2)$,则

$$\frac{\overline{X} - 1\,600}{\frac{150}{\sqrt{25}}} \sim N(0,1)$$

选取统计量 $Z = \dfrac{\overline{X} - \mu_0}{\dfrac{\sigma}{\sqrt{n}}}$. 对于给定的 $\alpha = 0.05$,可确定 $z_{\frac{\alpha}{2}} = 1.96$,其中 $z_{\frac{\alpha}{2}}$ 满足:

$$P\{|Z| \geqslant z_{\frac{\alpha}{2}}\} = \alpha$$

而统计量的观测值为

$$|z| = \left| \frac{1\,636 - 1\,600}{\frac{150}{\sqrt{25}}} \right| = 1.2 < 1.96$$

由 Z 统计量检验法知,在显著性水平 $\alpha = 0.05$ 下,可认为这批灯泡的平均寿命为 $1\,600$ h.

8.【大纲考点】单个正态总体均值的假设检验.

【解题思路】注意到总体方差未知,因此用 T 检验法进行计算.

【答案解析】由于 σ^2 未知,采用 T 检验法.检验假设:

$$H_0: \mu = \mu_0 = 50, H_1: \mu \neq 50$$

选取检验统计量,有

$$T = \frac{\overline{X} - \mu_0}{\frac{S}{\sqrt{n}}} \sim t(n-1)$$

对于显著水平 $\alpha = 0.05$,由已知得 $t_{0.025}(8) = 2.306$,拒绝域为 $|t| \geq t_{0.025}(8) = 2.306$.

由样本值可计算 T 的观测值为

$$|t| = \left|\frac{\overline{x} - 50}{\frac{s}{\sqrt{n}}}\right| = 0.56 < 2.036 = t_{0.025}(8)$$

故应接受 H_0,即认为包装机工作正常.

9.【大纲考点】 单个单个正态总体均值的假设检验.

【解题思路】 单边假设检验一定要根据备择假设确定拒绝域及由与显著性水平有关的分位数进行判断.

【答案解析】 总体 $X \sim N(\mu, 40\,000)$,根据题意可采用单侧 Z 检验.检验假设,有

$$H_0: \mu \leq \mu_0 = 1\,500, H_1: \mu > 1\,500$$

已知 $n = 25$,在 H_0 成立的前提下,选取检验统计量为

$$Z = \frac{\overline{X} - \mu_0}{\frac{\sigma}{\sqrt{n}}} \sim N(0,1)$$

对于显著水平 $\alpha = 0.05$,由已知得 $z_\alpha = 1.645$.原假设的拒绝域为 $\{z \geq z_\alpha\} = \{z \geq 1.645\}$.

由 $\overline{x} = 1\,575$,计算 Z 的观测值为

$$z = \frac{\overline{x} - \mu_0}{\frac{\sigma}{\sqrt{n}}} = \frac{1\,575 - 1\,500}{\frac{200}{\sqrt{25}}} = 1.875$$

由于 $z = 1.875 > z_\alpha = 1.645$.从而否定原假设 H_0,接受备择假设 H_1,即认为新工艺事实上提高了灯管的平均寿命.

10.【大纲考点】 单个正态总体方差的假设检验.

【解题思路】 对于单个正态总体的方差的假设检验,通常选取 $\chi^2 = \frac{n-1}{\sigma_0^2}S^2$ 为统计量.

【答案解析】 这是一个双边检验.依题意需检验假设,有

$$H_0: \sigma^2 = \sigma_0 = 5\,000, H_1: \sigma^2 \neq 5\,000$$

已知 $n = 26, \mu$ 未知,选择检验统计量为

$$\chi^2 = \frac{n-1}{\sigma_0^2}S^2 \sim \chi^2(n-1)$$

对于显著水平 $\alpha = 0.02$,由已知得 $\chi^2_{0.99}(25) = 11.524\,0, \chi^2_{0.01}(25) = 44.314\,1$.由观察值 $s^2 = 9\,200$ 得 $\chi^2 = \frac{(n-1)s^2}{\sigma_0^2} = 46 > 44.314\,1$,观察值 χ^2 落在拒绝域内.故拒绝 H_0,认为这批电池寿命的波动性较以往有显著的变化.

11.【大纲考点】 单个正态总体的方差的假设检验.

【解题思路】 单边假设检验一定要根据备择假设确定拒绝域及由与显著性水平有关的分位数进行判断.

【答案解析】 X 表示食盐的袋装质量总体,以 μ 和 σ 分别表示均值和方差,则 $X \sim N(\mu,\sigma^2)$.

设 $H_0:\sigma \leqslant 0.02, H_1:\sigma > 0.02$,因为 μ 和 σ 未知,选用 χ^2 检验法.取统计量为

$$\chi^2 = \frac{(n-1)S^2}{\sigma_0^2} \sim \chi^2(n-1)$$

在 $\sigma \leqslant 0.02$ 下,有 $P\{\chi^2 > \chi_\alpha^2(n-1)\} \leqslant \alpha$.对给定的 $\alpha = 0.05, n = 9$,由已知可确定 $\chi_\alpha^2(n-1) = 15.507$

统计量 χ^2 的观测值为

$$\chi^2 = \frac{8 \times (0.032)^2}{(0.02)^2} \approx 20.48 > \chi_\alpha^2(n-1) = 15.507$$

由 χ^2 检验法,应拒绝原假设.即在显著性水平 $\alpha = 0.05$ 下,认为当日机器工作不正常.

12.【大纲考点】 单个正态总体的均值和方差的假设检验.

【解题思路】 由于总体方差未知,关于总体均值的假设检验应选择 T- 统计量,关于总体方差的假设检验用 χ^2 统计量.

【答案解析】 考虑检验假设,有

$$H_0:\mu = \mu_0 = 580, H_1:\mu \neq 580$$

这里 $n = 10, \sigma$ 未知.选取检验统计量为

$$T = \frac{\overline{X} - \mu_0}{\frac{S}{\sqrt{n}}} = \frac{\overline{X} - 580}{\frac{S}{\sqrt{10}}} \sim t(n-1)$$

对于显著水平 $\alpha = 0.05$,由已知得 $t_{0.025}(9) = 2.2622$,拒绝域为 $|t| \geqslant t_{0.025}(9) = 2.2622$.

由样本观测值可求得 $\overline{x} = 575.2, s^2 = 75.74$,检验统计量 T 的观测值为

$$t = \frac{575.2 - 580}{\frac{\sqrt{75.74}}{\sqrt{10}}} \approx -1.7441$$

由于 $|t| = 1.7441 < 2.2622 = t_{\frac{\alpha}{2}}(n-1)$.因此,接受假设 H_0,即认为自动生产线没有系统误差.

再检验假设,有

$$H_0:\sigma^2 \leqslant 64, H_1:\sigma^2 > 64$$

注意 μ 未知,$\sigma_0^2 = 64$.选取检验统计量为

$$\chi^2 = \frac{n-1}{\sigma_0^2}S^2 \sim \chi^2(n-1)$$

对于给定的 $\alpha = 0.05$,由已知得 $\chi_\alpha^2(n-1) = \chi_{0.05}^2(9) = 16.919$.由样本值计算的观测值为

$$\chi^2 = \frac{n-1}{\sigma_0^2} s^2 = \frac{9 \times 75.74}{64} \approx 10.651$$

从而有 $\chi^2 < \chi_{0.05}^2(9)$，故接受假设 H_0，即认为自动生产线工作稳定，未出现系统偏差.

综上所述，可以认为自动生产线工作正常.

13. **【大纲考点】** 两个正态总体方差的假设检验.

【解题思路】 关于两个正态总体方差的假设检验通常用 F-统计量.

【答案解析】 设甲药服后延长的睡眠时间 $X \sim N(\mu_1, \sigma_1^2)$，乙药服后延长的睡眠时间 $Y \sim N(\mu_2, \sigma_2^2)$，其中 $\mu_1, \mu_2, \sigma_1^2, \sigma_2^2$ 均为未知.这里需要检验的是 $\mu_1 = \mu_2$，但是不知道两个总体的方差是否相等，因此需要先检验假设，有

$$H_0: \sigma_1^2 = \sigma_2^2, H_1: \sigma_1^2 \neq \sigma_2^2$$

选取检验统计量为

$$F = \frac{S_1^2}{S_2^2} \sim F(n_1 - 1, n_2 - 1)$$

对显著性水平 $\alpha = 0.05, n_1 = 10, n_2 = 10$，由已知得

$$F_{\frac{\alpha}{2}}(n_1 - 1, n_2 - 1) = F_{0.025}(9, 9) = 4.03$$

$$F_{1-\frac{\alpha}{2}}(n_1 - 1, n_2 - 1) = F_{0.975}(9, 9) = \frac{1}{F_{0.025}(9, 9)} = \frac{1}{4.03} \approx 0.2481$$

又因 $F = \dfrac{s_1^2}{s_2^2} = \dfrac{4.01}{3.2} = 1.2531$. 由于 $0.2481 < F = 1.2531 < 4.03$，故接受假设 H_0，即认为 $\sigma_1^2 = \sigma_2^2$.

再检验假设，有

$$H_0': \mu_1 = \mu_2, H_1': \mu_1 \neq \mu_2$$

选取检验统计量为

$$T = \frac{\overline{X} - \overline{Y}}{S_w \sqrt{\dfrac{1}{n_1} + \dfrac{1}{n_2}}} \sim t(n_1 + n_2 - 2)$$

由 $\alpha = 0.05, n_1 = 10, n_2 = 10$，由已知得

$$t_{\frac{\alpha}{2}}(n_1 + n_2 - 2) = t_{0.025}(18) = 2.1009$$

由样本观察值可求得

$$|t| = \frac{|\overline{x} - \overline{y}|}{S_w \sqrt{\dfrac{1}{n_1} + \dfrac{1}{n_2}}} = \frac{|2.33 - 0.75|}{1.899 \sqrt{\dfrac{1}{10} + \dfrac{1}{10}}} = 1.8604$$

因为 $|1.86| < 2.1009 = t_{0.025}(18)$，故接受原假设 H_0'，即认为两种安眠药疗效无显著差异，两种药物延长睡眠的平均时间上的差异可以认为由随机因素引起，而不是系统的偏差.

参 考 文 献

[1] 盛骤,谢式千,潘承毅.概率论与数理统计[M].4版.北京:高等教育出版社,2010.
[2] 盛骤,谢式千,潘承毅.概率论与数理统计习题全解指南:浙大·第四版[M].北京:高等教育出版社,2015.
[3] 李昌兴.概率论与数理统计及其应用[M].北京:人民邮电出版社,2014.
[4] 李昌兴.概率论与数理统计辅导[M].西安:陕西人民教育出版社,2009.
[5] 李昌兴.概率统计简明教程重点难点考点辅导与精析[M].西安:西北工业大学出版社,2010.
[6] 张同斌.2017考研数学基础通关经典1000题.数学一[M].北京:北京理工大学出版社,2016.
[7] 张同斌.考研数学基础通关经典1000题.数学二[M].北京:北京理工大学出版社,2016.
[8] 张同斌.考研数学基础通关经典1000题.数学三[M].北京:北京理工大学出版社,2016.

[天天考研]

学府旗下小班直播课品牌，足不出户与名师互动上课

网址：www.360kaoyan.com

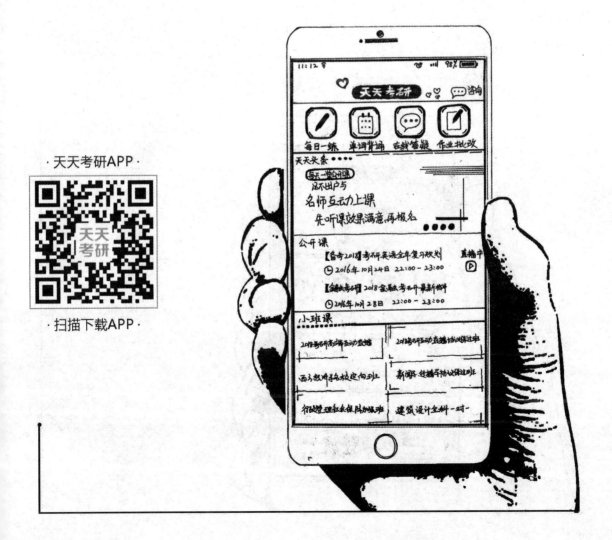

[学府APP]

下载学府考研APP,可免费享受以下高端增值服务

① 任课教师全程答疑,语音、图片、文字交流互动。
② 上课视频手机APP免费观看回放。
③ 课外免费选修课直播教学。
④ 学府手机背单词软件,既方便又快捷。
⑤ 每日一练,天天做题,天天讲评,学习既高效又便捷。
⑥ 在线交流,与同学互动无障碍。

学府考研APP

·扫描下载APP·

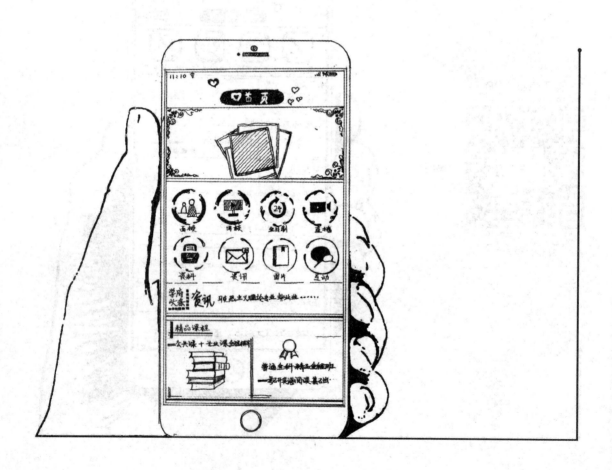